中华农业文明研究院文库 · 中国近现代农业史丛书

中国近代兽医发展研究（1904—1949）

朱绯 著

中国农业科学技术出版社

图书在版编目（CIP）数据

中国近代兽医发展研究：1904—1949 / 朱绯著 .—北京：中国农业科学技术出版社，2019. 10

ISBN 978-7-5116-4442-8

Ⅰ. ①中… Ⅱ. ①朱… Ⅲ. ①兽医学-科技发展-研究-中国-1904-1949 Ⅳ. ①S85-092

中国版本图书馆 CIP 数据核字（2019）第 222621 号

责任编辑 穆玉红
责任校对 贾海霞

出 版 者 中国农业科学技术出版社
北京市中关村南大街 12 号 邮编：100081
电　　话 (010)82106626(编辑室) (010)82109702(发行部)
(010)82109709(读者服务部)
传　　真 (010)82106626
网　　址 http://www.castp.cn
经 销 者 全国各地新华书店
印 刷 者 北京科信印刷有限公司
开　　本 787mm×1 092mm 1/16
印　　张 13. 5
字　　数 228 千字
版　　次 2019 年 10 月第 1 版 2019 年 10 月第 1 次印刷
定　　价 48. 00 元

《中华农业文明研究院文库》编委会

关于《中华农业文明研究院文库》

中国有上万年农业发展的历史，但对农业历史进行有组织的整理和研究时间却不长，大致始于20世纪20年代。1920年，金陵大学建立农业图书研究部，启动中国古代农业资料的收集、整理和研究工程。同年，中国农史事业的开拓者之一——万国鼎（1897—1963）先生从金陵大学毕业留校工作，发表了第一篇农史学术论文《中国蚕业史》。1924年，万国鼎先生就任金陵大学农业图书研究部主任，亲自主持《先农集成》等农业历史资料的整理与研究工作。1932年，金陵大学改农业图书研究部为金陵大学农经系农业历史组，农史工作从单纯的资料整理和研究向科学普及和人才培养拓展，万国鼎先生亲自主讲“中国农业史”和“中国田制史”等课程，农业历史的研究受到了更为广泛的关注。1955年，在周恩来总理的亲自关心和支持下，农业部批准建立由中国农业科学院和南京农学院双重领导的中国农业遗产研究室，万国鼎先生被任命为主任。在万先生的带领下，南京农业大学中国农业历史的研究工作发展迅速，硕果累累，成为国内公认、享誉国际的中国农业历史研究中心。2001年，南京农业大学在对相关学科力量进一步整合的基础上组建了中华农业文明研究院。中华农业文明研究院承继了自金陵大学农业图书研究部创建以来的学术资源和学术传统，这就是研究院将1920年作为院庆起点的重要原因。

80余年风雨征程，80春秋耕耘不辍，中华农业文明研究院在几代学人的辛勤努力下取得了令人瞩目的成就，发展成为一个特色鲜明、实力雄厚的以农业历史文化为优势的文科研究机构。研究院目前拥有科学技术史一级学科博士后流动站、科学技术史一级学科博士学位授权点，科学技术史、科学技术哲学、专门史、社会学、经济法学、旅游管理等 7 个硕士学位授权点。除此之外，中华农业文明研究院还编辑出版国家核心期刊、中国农业历史学会会刊《中国农史》；创建了中国高校第一个中华农业文明博物馆；先后投入 300 多万元开展中国农业遗产数字化的研究工作，建成了“中国农业遗产信息平台”和“中华农业文明网”；承担着中国科学技术史学会农学史专业委员会、江苏省农史研究会、中国农业历史学会畜牧兽医史专业委员会等学术机构的组织和管理工作；形成了农业历史科学研究、人才培养、学术交流、信息收集和传播展示“五位一体”的发展格局。万国鼎先生毕生倡导和为之奋斗的事业正在进一步发扬光大。

中华农业文明研究院有着整理和编辑学术著作的优良传统。早在金陵大学时期，农业历史研究组就搜集和整理了《先农集成》456 册。1956—1959 年，在万国鼎先生的组织领导下，遗产室派专人分赴全国 40 多个大中城市、100 多个文史单位，收集了 1 500多万字的资料，整理成《中国农史资料续编》157 册，共计 4 000多万字。20 世纪 60 年代初，又组织人力，从全国各有关单位收藏的 8 000多部地方志中摘抄了 3 600多万字的农史资料，分辑成《地方志综合资料》《地方志分类资料》及《地方志物产》共 689 册。在这些宝贵资料的基础上，遗产室陆续出版了《中国农学遗产选集》稻、麦、粮食作物、棉、麻、豆类、油料作物、柑橘等八大专辑，《农业遗产研究集刊》《农史研究集刊》等，撰写了《中国农学史》等重要学术著作，为学术研究工作提供了极大的便利，受到国内外农史学人的广泛赞誉。

为了进一步提升科学研究工作的水平，加强农史专门人才的培养，2005年85周年院庆之际，研究院启动了《中华农业文明研究院文库》（以下简称《文库》）。《文库》推出的第一本书即《万国鼎文集》，以缅怀中国农史事业的主要开拓者和奠基人万国鼎先生的丰功伟绩。《文库》主要以中华农业文明研究院科学研究工作为依托，以学术专著为主，也包括部分经过整理的、有重要参考价值的学术资料。《文库》启动初期，主要著述将集中在三个方面，形成三个系列，即《中国近现代农业史丛书》《中国农业遗产研究丛书》和《中国作物史研究丛书》。这也是今后相当长一段时间内，研究院科学研究工作的主要方向。我们希望研究院同仁的工作对前辈的工作既有所继承，又有所发展。希望他们更多地关注经济与社会发展，而不是就历史而谈历史，就技术而言技术。万国鼎先生就倡导我们，做学术研究时要将"学理之研究、现实之调查、历史之探讨"结合起来。研究农业历史，眼光不能仅仅局限于农业内部，要关注农业发展与社会变迁的关系、农业发展与经济变迁的关系、农业发展与环境变迁的关系、农业发展与文化变迁的关系，为今天中国农业与农村的健康发展提供历史借鉴。

王思明

2007年11月18日

《中国近现代农业史丛书》序

20 世纪的一百年是中国历史上变化最为广泛和巨大的一百年。在这一百年中，中国发生了翻天覆地的变化：在政治上，中国经历了从清代到中华民国，再到中华人民共和国的历史性变迁；在经济上，中国由自给自足、自我封闭被迫融入世界经济体系，再由计划经济逐步迈向市场经济，中国由一个纯粹的农业国逐渐建设成为一个新兴的工业国，农业在国民经济中的比重由原来的 90%下降到 13%，农业就业率由清末的 90%下降到今天的不足 49%；在社会结构方面，中国由原来的农业社会逐步迈向城镇社会，城市化的比重由清末的不到 10%攀升到 44%。

政治、经济和社会的这种结构性变迁无疑对农业和农村产生着深刻的影响。认真探讨过去一百年中国农业与农村的变迁，具有重要的学术价值和现实意义。它不仅有助于总结历史的经验教训，加深我们对中国农业与农村现代化历史进程的必然性和艰巨性的认识，对加深我们对目前农业与农村存在问题的理解及制定今后进一步的改革方略也不无裨益。有鉴于此，中华农业文明研究院自 2002 年开始启动了“中国近代农业与农村变迁研究”项目。这一系列研究以清末至今农业和农村变迁为重点，主要关注以下几个方面：过去一百年，中国农业生产与技术发生了哪些重要的变化？中国农业经济发生了哪些结构性变化？中国农村社会结构与农民生活发生了哪些变化？造成这些变化的主要原因有哪些？中国农业现代化进程如何，动因与动力何在？现代化进程中区域差异的历史成因；经济转型过程中城乡互动关系的发展，等等。

经过几年的努力，部分研究工作已按计划结束，形成了一些成果。为了让社会共享，也为了进一步推动相关研究工作的开展，我们决定推出《中国近现代农业史丛书》。本丛书有两个特点：一是将农业与农村变迁置于传统社会向现代社会这一大的历史背景下考察，而不是人为地将近代与现代割裂；二是不单纯地就生产而言生产，而是将农业生产及技术的变迁与农村经济和农村社会的变迁做综合分析和考察。目前，全国各地正在掀起建设社会主义新农村的热潮。但新农村建设不是新村舍建设，它包括技术、经济、社会、政治、文化和生态等多方面的建设，是一个系统工程。只有从国情出发，既虚心学习国外的先进经验，又重视发扬自己的优良传统，才能走出一条具有中国特色的农业现代化道路。

美国著名农史学家施密特（C. B. Schmidt）认为“农业史的研究对农村经济的健康发展至关重要”“政府有关农业的行动应建立在对农业经济史广泛认知的基础之上”。美国农业经济学之父泰勒（H. C. Taylor）博士也认为历史研究有助于农业经济学家体会那些在任何时期对农业发展都可能产生影响的“潜在力量”。我们希望《中国近现代农业史丛书》的出版对我们认清国情、了解今天“三农”问题历史成因有所帮助，对寻求走中国特色农业与农村发展的道路有所贡献。

王思明

2007年11月于南京

前　言

晚清时期中兽医技术已经成熟，只是诊疗对象从马向牛转变。从晚清时期中兽医著作的内容可以看出，在江西、江苏、湖北、湖南等地，牛是主要诊治的对象。在四川、浙江等地整理的著作则包含多种动物，说明两地养殖品种的多样化。从诊疗手段来看，中兽医仍是以方药和针灸为主。对动物疫病也有隔离预防的概念。洋务运动的兴起，使西方科技进入中国，有极少量的西兽医著作被引入，但是对社会来说，并未造成影响。

1904 年，北洋陆军马医学堂创建，标志着西兽医正式被引入中国，也标志着中国现代兽医教育体系的诞生。在课程和学制上，中国早期学习的是日德系，到 20 世纪 30 年代，转学欧美系。在学校的建立方面，1930 年以前，只有 8 所学校开设了兽医相关学科，到 1940 年增加了 18 所学校开设畜牧兽医专业，到中华人民共和国成立前，又增加了 9 所学校开设畜牧兽医专业。可以看出 20 世纪 30 年代是兽医学科迅速发展的时期。20 世纪 20—40 年代，相继成立了多个官方兽医防疫和检疫机构，西北防疫处和蒙绥防疫处进行了大量的疾病调查和兽疫防控工作，取得了显著的效果。西北地区牛羊疫病较多，除了对家畜疫病的控制外，官方管理机构还肩负着团结少数民族群众，一致抗战的任务。一些防疫站还设有家畜病院，对患病家畜进行诊治，部分免诊治费用，受到民众的欢迎。在检疫方面，上海商品检验局的成立，使中国在口岸检疫方面可以由国人控制，避免了烈性兽疫的进入，并颁布了检疫条例，对各种兽疫有明确规定；对牲畜市场贸易的管理，避免了兽疫的传播。家畜疾病的普查让政府全面了解我国兽疫发生情况，便于管理防控。兽医研究机构的创建方面，主要是针对 20 世纪 30 年代大规模流行的兽疫，研究相关生物制品，并在牛瘟、牛肺疫、猪瘟等疫病的防控方面，取得了很多成果，保障了畜牧业的发展。并形成了很多科研成果。积极进行国际学术交流，也获得了国际组织的肯定与支持。

在西兽医引入后大力发展的同时，中兽医发展渐缓。一方面是“废止中医案”对中国传统医学的质疑阻滞了其现代化过程。另一方面是由于战时需求，西兽医的仪器与药物获取困难，所以政府将目光转向中兽医。在陆军兽医学校开设了兽医国药治疗研究所，专门研究中兽医药方，以便供给战时需求。这开创了中西兽医结合治疗的先河。这一时期兽医国药研究成果显著。中兽医在这一时期仍延续传统模式传承，并有一些著作流传下来。中西兽医相遇，最终融合发展。它们之间哲学背景的差异，造成了发展的不同。但是在相遇的过程中，冲突和摩擦并不剧烈。一方面源于西兽医引入较晚，培养的兽医人才不足以遍布全国，大部分地区还需要中兽医进行疾病诊疗；另一方面源于国人已不像晚清时期对西方科技一味抱着接受的态度，而通过对中国传统医学的反思开始肯定国药的作用。所以，中西兽医通过各自可选择的部分，协调发展，并未产生对抗。

中国兽医现代化给中国的社会、经济、农业产业等多方面带来了影响。在社会效益层面，推进了全民防疫意识的构建，改变人们的生活行为，转变了人们对医学的固有思想。在经济层面，保障了畜牧业的发展，促进了畜产品出口，在国际贸易中，获得经济收益。在农业产业方面，促进了农业产业的结构调整，使规模化养殖成为可能，推进城市农业发展，并开辟了兽医事业发展新观点。当然兽医行业本身的发展也受到了影响。兽医现代化的过程，促进兽医科技体系结构调整，是一个动态的平衡过程，从家畜防疫和内科发展较多，向各学科均衡发展。促进了管理体系的完善，构建了比较健全的官方防疫和检疫机构，并在兽疫防控和兽医工作开展方面逐步细化，建立健全各项规章制度，形成预警机制。在兽医教育方面则建立了各层次的学校，培养不同水平的兽医人才。

中西兽医的交锋与融合，最终确立了现代兽医体系。这是中国在历史转型期经历的必然，从政治体制到社会形态都发生了巨大的变化，在变化的浪潮中，兽医学发展能够接纳不同文化理论，融合协同发展，形成中国现代兽医体系。其中，既有近代西兽医专家们的积极进取，又有中兽医专家们的持重守城，将文化和科技互相渗透，形成了现有的兽医体系，为兽医事业的不断发展铺平了道路。

目　录

绪　论 ………………………………………………………………（1）
第一章　西学东渐背景下的中西兽医 ……………………………（13）
　第一节　晚清中兽医基本情况 ………………………………（14）
　第二节　洋务运动与西兽医萌芽 ……………………………（25）
第二章　西兽医的引入与发展 ……………………………………（31）
　第一节　甲午战争后中兽医发展 ……………………………（32）
　第二节　兽医教育体系的发展 ………………………………（35）
　第三节　兽医管理体系的改进 ………………………………（55）
　第四节　兽医学术研究与交流 ………………………………（86）
第三章　中兽医发展渐缓 …………………………………………（126）
　第一节　“废止中医案”对中兽医的影响 …………………（126）
　第二节　战时中兽医的贡献 …………………………………（131）
　第三节　中西兽医融合发展 …………………………………（135）
　第四节　中兽医的传承 ………………………………………（138）
第四章　中国兽医现代化：交锋与融合 …………………………（141）
　第一节　中西兽医体系的特点比较 …………………………（141）
　第二节　中西兽医的相遇与摩擦 ……………………………（148）
　第三节　现代兽医体系结构的变化 …………………………（151）
　第四节　中西兽医的融合与发展 ……………………………（153）
第五章　中国兽医现代化对中国社会和经济的影响 ……………（155）
　第一节　中国兽医现代化产生的社会效益 …………………（155）
　第二节　中国兽医现代化带来的经济效益 …………………（157）
　第三节　中国兽医现代化对农业产业的影响 ………………（162）
　第四节　中国兽医现代化对兽医行业发展的影响 …………（163）
　第五节　中国兽医现代化历程中的经验及教训 ……………（166）

结语　对中国近代兽医发展的历史评析 …………………………（169）
余论　中国近代兽医发展的优势与弊端 …………………………（173）
参考文献 ………………………………………………………………（175）
附　录 …………………………………………………………………（182）
后　记 …………………………………………………………………（202）

绪　论

朝代更迭，山河变迁，在历史的丰碑或耻辱柱上只能镌刻有限的人和事，余下的都随着岁月泯灭在尘土之中。然而，回首历史，即便是几千年的变迁，我们仍能从中找到诸多的相似和不变。因为就人类本身而言，即便科技的进步和社会的发展带来许多便利，但是衣食住行和生老病死，仍与前人一样，是需要面对的问题，几千年来，未曾改变。

伴随着人类的产生，有很多和人息息相关的行业应运而生，兽医就是随着人类驯化动物而产生的一个行业。随着时间的变化，兽医历经数千年仍然发挥着重要作用，更发展为系统化、法制化、国际化和科学化的一门科学，而且兽医并不是单纯的自然科学，其研究对象是动物疾病，可通过科学技术进行疾病的研究与探索，由于涉及动物个体和群体以及与人类、社会、经济等多个领域的关系，进而涉及多领域、多学科，与地理学、气象学、生物学等因素相关，其发生、发展与社会、文化、经济、政治，甚至宗教、哲学及军事等都有着极为密切的联系。因此，对兽医的研究和探析，不应仅关注兽医科学的变化和发展，更应关注时代背景下与社会环境下的兽医业变革。

一、研究缘起

（一）三个问题

中国兽医发展经历数千年，而在近代中国经历国家、社会剧变后，中兽医的发扬与传承却受到了一定影响，尤其在当前的兽医教育体系中，中兽医的传承内容较少，是哪些原因使传承数千年的中兽医体系发生了这样的变化？这其中，又有哪些人和事起到关键的引导和推动作用？近代以来，中国传统文化背景下，经验系的传统兽医学与试验系的现代兽医学是怎样摩擦、碰撞、融合发展，并最终形成了中国现代兽医体系的？这也是我将中国近代兽医发展研究作为研究内容的缘起。

从疑惑开始，自然想获得答案，那么，问题如下。

1. 中兽医在近代发生了哪些改变？是真的衰落了吗

2. 中国兽医现代化历程是否存在本土化？其对兽医体系发展有哪些贡献

3. 兽医现代化对近代中国有哪些影响？其经验与教训有哪些现实意义

（二）探寻之意义

兽医业有着悠久的历史，其在各个不同的历史时期有着不同的作用。

1. 古代：动物疾病诊疗

在古代，兽医最早仅是治疗动物疾病的职业。3 000~4 000年前，古巴比伦就有牛医和驴医的义务和应得报酬的记载，古埃及有记录治疗动物疾病的处方，古印度一些典籍中有以韵文记载的动物疾病及其治疗方法。到了古希腊和古罗马时期，因为战争的需要，开始有从业的马医，罗马帝国的兽医技术水平较高，还有记述马病的著作。

中兽医的起源则可追溯至野生动物被驯化为家畜的原始时期。在殷商时期，就有关于马病、阉割、护理等方面的记载，早期关于兽医的记载可见于《周礼·天官·兽医》："兽医，掌疗兽病，疗兽疡。"《周礼·天官·冢宰篇》："兽医下士八人"注："兽，牛马之属。"专职兽医也就是大概这个时间出现的。因为战争原因，产生了马医；随着牛耕的发展，也产生了牛医。秦汉以后，出现很多兽医学的著作，唐贞元时期（约804年），日本兽医平仲国等到中国留学，开启了中兽医技术的传播交流。随着经济的发展，各国的交往，中兽医技术传到了朝鲜、日本、印度和阿拉伯等国家，对世界兽医的发展产生了一定的影响，做出了贡献。之后，无论是宋元时期还是明清时期，马政都是涉及军事的要事，兽医是不可或缺的关键元素。同时，在西部牧区也是少数民族地区，形成了民族兽医学，如蒙古兽医学、苗兽医学、彝兽医学、藏兽医学等。中兽医一直以经济实用、简单适用为目标，不断总结升华，形成了独具特色的中兽医体系。

2. 近代：兽疫防控

在中世纪欧洲，“Veterinary”一词原意指钉马掌的铁匠，后来可能铁匠们兼治马病，之后代指兽医。随着社会进步、战争频仍和贸易发展，牲畜交易增多，暴发了大规模的兽疫，给畜牧生产带来了极大的危害，部分也会传染人，危及人的生命安全。

随着显微镜的发明和微生物学的发展，人们逐渐认识到传统的兽医传承与执业方式，已经不能满足社会需要和缓解畜牧业危机，需要建立良好的公共卫生环境，形成专业的兽疫监管体系，制定兽疫防控流程和研发治疗药物。近代社会的兽医学除了关系畜牧生产，还关系国家贸易安全、卫生安全和人类本身的安全。随着现代科学体系的建立，社会、经济等层面的发展需求，兽医学走上了现代化的道路。

3. 当代：在畜牧业、公共卫生、环境保护等多领域发挥作用

目前来看，随着社会进步和兽医学发展，兽医学除直接保障畜牧业生产外，已扩大到公共卫生、环境保护、人类疾病模型和医药工业等领域。是农业产值提升的重要组成部分，也直接关系人民生产生活。随着社会的进步和发展，兽医业发展趋势与国计民生密切相关，兽医学对经济、社会的作用有着不可估量的影响。而兽医学现代化历程与当前兽医学发展息息相关，历史的轨迹是多个小事件连结起来形成的曲线，通过对轨迹的探寻，可以对兽医业发展起到一定的作用，以古鉴今，以今辨古。

总之，随着时间的推移，兽医业也在不断发展。因此，探析中国近代兽医发展历程，将会对以下三个方面产生有益的影响。

其一，可以通过对中国近代兽医相关资料的梳理，产生更为系统的近代兽医学史料，为以后的研究提供一点方便。虽然目前有很多兽医发展方面的研究，但是系统而全面的梳理也多半是结合畜牧学一起进行的，独立的兽医学分析较少。本书从近代兽医发展入手，可以全面、具体的探析兽医现代化进程，将其从多重的环境中剥离出来，更为清晰明了地让更多人了解兽医的重要作用。

其二，可以结合时代背景下的政治、军事、经济、文化等因素，分析中国兽医学体系的现代化过程，尽量展现其发展轨迹与趋势，探索这些因素的主次关系与相互关联。尤其可以探寻中兽医的发展脉络和走向，为更好地发掘中兽医资源，提供更多的参考。也为中西结合

之路，找到更为有效的方式。

其三，通过对史料的分析，较为客观地评价中国兽医现代化过程的得与失，以古鉴今，为当前的兽医发展，提供可参考意见。关注现实意义，尤其中国作为农业大国，在发展成为农业强国的道路上，兽医具有关键作用，并且应当逐渐形成适应中国道路的兽医体系。为国家的发展提供更多的支持。

二、学术研究回顾

任何行业和科学的发展都不是一蹴而就的，而是在不断归纳、总结、选择、改进的过程中，逐渐形成的。世界层面的兽医史研究，多集中于兽医实用技术与基础理论研究，德国、日本、美国等国家虽然有专门的兽医史研究机构，但其对于中国兽医史的研究涉猎不多。偶有涉及，也多集中于中兽医史的研究。纵观中国兽医发展史，多元化的地理类型、多民族的文化传承以及中央集权的统治方式，形成了独具特色的中国传统兽医，也就是中兽医。中兽医在国家监管、教育传承和知识传播方面，一直与国家统治紧密结合。延续至晚清，由于西学的影响，兽医业也在逐渐转变，其关键节点是1904年，第一所西式兽医学堂的建立。之后，兽医管理机构及制度、教育方式和知识传播形式都发生了历史性的转变。因此，从时间上来看，将1904年作为中国兽医科学现代化历程的起点，直到1949年中华人民共和国成立，其间的45年，是内忧外患的45年，政治制度的变革，社会结构的变迁，战争的困扰，经济的转型，西方科技、金融、信仰的影响等，多种因素都在不同方面对中国近代兽医的发展产生了不同的作用。与中国近代兽医发展相关的研究，主要可以分为以下两个方面。

（一）中兽医发展研究

中国传统兽医主要是服务于统治阶级的。中国古代主要的大家畜是马和牛，马是冷兵器时代战争中制胜的关键，骑兵的速度和效率，要远高于步兵。因此，由于军事管理的需要，各朝代都很关注马政。其中，包含了兽医机构、人数、品级、教育和马病的诊治、隔离、管理、兽医采购与管理等内容。[①] 马去势术在商代开始出现，《周礼·夏官·校人》有："夏祭先牧，颁马攻特"，"攻特"即为割去马势。西周时期，已经有专职的兽医，并开始区分内科和外科治疗，即"兽病"和"兽疡"。[②] 先秦时期的兽医机构和兽医工作内容：确诊，分为内外科、诊治，并记录病例和死亡数目；以治愈率和死亡率考评兽医。从诊疗流程上来看，也是很科学的。秦代的《厩苑律》是中国最早的畜牧兽医法规，其在汉代被改称《厩律》。[③] 到了唐代，开始出现专业的兽医学校，《司牧安骥集》是最早的兽医教材。宋代官营牧场都设有病马监，注意病马的隔离治疗，这是防控兽疫的有效方式；还有对死亡马匹的处理，都要送往"皮剥所"，进行尸体检验与处理，开展了最早的尸检工作，说明当时的兽医技术比唐代又有了较大的进步。[④] 并设有专门的兽药房，将工作进一步细化。到了明代，马政制度有所转变，有很多观点认为，明代的衰亡源于其马政制度的不完善，但是明代的兽医技术有了较大发展，出现了《元亨疗马集》，在《司牧安骥集》的基础上又有了进一步发展[⑤]。清代在马政方面，吸取了明代的教训，在兽医技术方面，延续中兽医传统直到晚清西方思想和科技的引入。[⑥] 相关研究较多，可以提供很多中兽医发展的信息。

猪、牛、羊在商周时期主要用于祭祀，所以也促进了相关兽病诊治和肉品检验的发展。随着牛耕的发展，牛在以农为立国之本的中国，成为农业生产的重要家畜，国人对于牛病的关注超越了其他家畜，对

① 谢成侠. 中国养马史［M］. 北京：科学出版社，1959；宋娟. 唐代马政若干问题研究［D］. 石家庄：河北师范大学，2008；贾启红. 宋代军事后勤若干问题研究［D］. 石家庄：河北大学，2015；何平立. 略论明代马政衰败及对国防影响［J］. 军事历史研究，2005，(1)：98-103；苏亮. 清代八旗马政研究［D］. 北京：中央民族大学，2012；范延臣. 域外畜牧科技的引进及其本土化研究［D］. 杨凌：西北农林科技大学，2013；邹介正. 唐代兽医学的成就［J］. 中国农史，1981年00期：73-81；于船. 中国兽医史［J］. 中国兽医杂志，1982年05期

② 陈营营.《周礼》中畜牧业管理制度探讨［D］. 长春：吉林大学，2013

③ 宋娟. 唐代马政若干问题研究［D］. 石家庄：河北师范大学，2008

④ 贾启红. 宋代军事后勤若干问题研究［D］. 石家庄：河北大学，2015

⑤ 何平立. 略论明代马政衰败及对国防影响［J］. 军事历史研究，2005，(1)：98-103

⑥ 苏亮. 清代八旗马政研究［D］. 北京：中央民族大学，2012

牛病的诊治技术有了较大的发展，所以，民间兽医的诊治对象主要是牛，民间兽医又称牛医。牛的去势术出现于汉代，见于东汉画像石墓发现中的《犍牛图》。关于牛疫病的记载，也是从汉代开始的，汉章帝建初元年（76 年）诏曰："比年牛多疾疫，垦田减少，谷价颇贵，人以流亡。"（《后汉书·五行志》）《新唐书》卷 35《五行志二》记载："神龙元年（705 年）春，牛疫。二年冬，牛大疫。""开元十五年（727 年）春，河北牛大疫。"① 淳化五年（990 年），宋、亳数州及大中祥符九年（1008 年）诸州牛疫（《宋史·太宗纪》）。乾隆时期（1736—1795 年）四川牛疫猖獗②。隋代，新疆出现了《牛医方》，记载了有关畜病的诊治、方药及针灸等③。唐代开始，关注兽医的培养和民间兽医技术的推广，之后逐渐产生了许多著作如《医牛宝书》《医牛金鉴》《活兽慈舟》，等等。在《王祯农书》《养耕集》《大武经》《医牛金鉴》《抱犊集》等农业著作中，有牛疫的症状和预防记载。唐代就有了牛瘟流行和牛群迁徙躲避灾害的经验。还广泛应用灌服病牛和愈牛血液的方法预防牛瘟。在西康、青藏地区，用感染牛瘟的野山羊自然弱毒，通过牦牛灌服，采用轻度感染的牛血液给健康牛灌服④。宋代对牛疫的认识主要集中在"未病先防"和"既病防染"两方面⑤。相关研究也较为丰富，可以更全面地了解中兽医。除此之外，因为中国的地域和民族特点，在西部以牧业为主的地区，也发展了民族兽医学，如蒙古兽医学和藏兽医学⑥，杨开雄、王成、罗艳秋等分别在苗兽医、

---

① 杨向春．唐代的耕牛与牛耕［D］．西安：陕西师范大学，2010；康雨晴．唐代青海畜牧业发展研究［D］．杨凌：西北农林科技大学，2011；《新唐书》卷 35《五行志二》

② 农业部畜牧兽医局．中国消灭牛瘟的经历与成就［M］．北京：中国农业科学技术出版社，2003

③ 高健．新疆方志文献研究［D］．南京：南京师范大学，2014

④ 中国畜牧兽医学会．中国近代畜牧兽医史料集［M］．北京：农业出版社，1992，8：179

⑤ 韩毅．宋代牛疫的流行与防治［J］．中华医史杂志，2011，41（4）：208-213

⑥ 巴音木仁，乌兰塔娜，巴音吉日嘎拉．蒙古兽医古典著作《马医经卷》简介［J］．中兽医学杂志，2004 年 2 期：40-42；刘尔年，于船．西藏兽医学发展史略［J］．中国兽医杂志，1980 年 05 期

彝兽医研究方面取得了进展。①

邹介正和于船两位先生，从兽医专业角度研究中兽医的发展，获得了较多的研究成果。其中，邹先生多是着眼于古籍的释义，研究中兽医学术发展。于先生则不仅关注中兽医学在国内的发展历程，还注意国际交流，关注中兽医学在国外的影响与传播，尤其针灸方面的研究，对针灸在日本和美国的传播与影响进行了深入的分析，还与美国兽医同行交流兽医教育模式，从中兽医史交流的层面展开了大量的工作。②

一些关于古代畜牧业的研究，也涵盖了一些中兽医内容，并强调了中兽医在古代畜牧业中的重要作用，张仲葛和谢成侠两位先生对此有深入研究，并取得了丰硕的成果。③

（二）中国近代兽医发展相关研究

近代兽医发展立足于科技、教育、文化的发展。从近代西兽医引入，中国兽医开始了现代化历程。于船先生在《中国大百科全书·农业卷》中试写条目“中国兽医史”中近代部分对西兽医的传入、学校的建立、学会的成立、期刊的创办等方面进行了概括。蔡无忌、何正礼主编的《中国现代畜牧兽医史料集》和中国畜牧兽医学会组织编写的《中国近代畜牧兽医史料集》④，对中国近现代畜牧兽医史料进行收集整理，并没有进行深入的研究与分析。李群教授在近代畜牧业发展方面研究很深入，对近代兽医科技发展有所分析，主要集中于近代防疫机构的建设与发展，对兽医教育、学术交流、图书出版和

① 杨开雄．苗兽医概论［J］．山地农业生物学报，1992（1）：40-42；王成．彝兽医初探［J］．中国兽医杂志，1997（6）；陈大鹏．浅谈振兴民族地区的传统兽医事业［J］．贵州畜牧兽医，1990（2）；罗艳秋．基于彝文典籍的彝族传统医药理论形成基础及学术内涵研究［D］．北京：北京中医药大学，2015

② 于船．中兽医学在国外的传播［J］．农业考古，1990年01期；于船．兽医针灸在日本的传播［J］．中国兽医杂志，1987年03期

③ 谢成侠．关于中国畜牧史研究的若干问题［J］．古今农业，1992年04期；谢成侠．中国畜牧业简史［J］．中国畜牧杂志，1986年06期；谢成侠．中外乳牛业发展的今昔观［J］．中国畜牧杂志，1982年05期；张仲葛．我国养猪学的沿革考［J］．古今农业，1993年03期；张仲葛．中国养猪史初探［J］．农业考古，1993年01期；张仲葛，朱先煌．中国畜牧史料集［M］．北京：科学出版社，1986，其中包含兽医5篇

④ 蔡无忌，何正礼．中国现代畜牧兽医史料集［M］．北京：科技出版社，1956；中国畜牧兽医学会．中国近代畜牧兽医史料集［M］．北京：农业出版社，1992

农业推广方面涉及较少①。与中国近代兽医发展相关的研究主要分为以下三个方面。

1. 兽医管理的相关研究

首先是管理机构的变化。近代兽医管理机构的发展，一方面源于朝代的更迭，政权和制度的变化，要求管理机构改组合并，如归属于兵部的兽医管理机构，改为归属陆军部，裁撤太仆寺和车驾司；② 另一方面源于西方科技的引入和社会发展的需求，新建适应社会发展的机构，例如防疫、检疫、血清制造、器械制造等机构。③ 其次是管理制度的变化，社会对兽医行业的要求逐渐发生变化，也要求管理制度不断完善，提出防疫、检疫的相关条例，开始要求疫情预警和报备制度，并进行防疫宣传，推广免疫预防制度。这些发展完善了中国兽医管理体制，并进一步规范兽医的官方管理与控制，在中国近代公共卫生方面也产生了一定的作用，逐渐迈向兽医现代化之路。④ 对畜牧业

---

① 李群．中国近代畜牧业发展研究［M］．北京：中国农业科学技术出版社，2008；苏全有，常梅子．中国近代畜牧业史研究述评［J］．华北水利水电学院学报（社科版），2012年05期

② 中国畜牧兽医学会．中国近代畜牧兽医史料集［M］．北京：农业出版社，1992

③ 张学见．青岛港、胶济铁路与沿线经济变迁（1898—1937）——现代交通体系视域下的研究［D］．天津：南开大学，2012；陈刚．湖北农业改进所研究（1937—1949）［D］．武汉：华中师范大学，2009；曾达．农林部西北兽疫防治处述论（1941—1949）［D］．兰州：兰州大学，2011；吴瑞娟．陕西省农业改进所研究（1938—1945）［D］．西安：陕西师范大学，2011；杨慧．中国东北与俄罗斯农业交流史研究［D］．南京：南京农业大学，2011；斯钦巴图．东蒙古殖民地社会与文化的变动（1931—1945）［D］．呼和浩特：内蒙古大学，2013；李群．中国近代畜牧业发展研究［M］．北京：中国农业科学技术出版社，2008；李瑞红．官方兽医组织机构研究［D］．呼和浩特：内蒙古农业大学，2005；达日夫．中东铁路与东蒙古［D］．呼和浩特：内蒙古大学，2011；杨乃良．民国时期新桂系的广西经济建设研究（1925—1949）［D］．武汉：华中师范大学，2001

④ 马广兴．延安时期光华农场研究［D］．西安：西北大学，2011；张忠．哈尔滨早期市政近代化研究（1898—1931）［D］．长春：吉林大学，2011；孙鸿金．近代沈阳城市发展与社会变迁（1898—1945）［D］．长春：东北师范大学，2012；章斯睿．近代上海乳业市场管理研究［D］．上海：复旦大学，2013；严娜．上海公共租界卫生模式研究［D］．上海：复旦大学，2012；空间、制度与社会：近代天津英租界研究（1860—1945）［D］．天津：南开大学，2014；王其林．中国近代公共卫生法制研究（1905—1937）［D］．重庆：西南政法大学，2014；董强．近代江南公共危机与社会应对［D］．苏州：苏州大学，2012；樊波．民国卫生法制研究［D］．北京：中国中医科学院，2012；严艳．陕甘宁边区经济发展与产业布局研究（1937—1950）［D］．西安：陕西师范大学，2005；李玉偿．环境与人：江南传染病史研究（1829—1953）［D］．上海：复旦大学，2004

和公共卫生方面都产生了一定的影响。这方面的相关研究较多，有史料整理，有机构和疫病的研究等，但是稍欠系统性和全局观。

2. 教育机构变化的相关研究

传统兽医教育是学徒制的经验教学，随着西方思想和科技的传入，现代教育体系逐步建立，新式兽医学校的建立与发展，为培养兽医专业人才，提供了良好的条件。近代兽医学校，在清末民初，与大部分实业学堂一样，仿照日本学制、课程，采用日译本教材，培养兽医人才，主要还是针对军事方面的内容较多，如北洋马医学堂。① 在20世纪20年代，随着留美学生的增加，兽医学校的风格逐渐转向美式，更注重民主和科学精神，关注家畜传染病的研究与发展，同时发展相关研究机构，并以学校为主体进行农业推广，普及兽医知识，形成农业培训、中等学堂、高等学堂、兽医大学并行的多元化教育结构。② 有很多研究是针对学科建立、课程设置、学术人才培养等方面进行的梳理，但是较为全面的分析较少，多是立足于个别学校，或是在农业教育方面零星介绍。③

---

① 甘少杰．清末民国早期军事教育现代化研究（1840—1927）［D］．西安：河北大学，2013；吴莹．日本近代实用主义教育思想及其实践［D］．长春：吉林大学，2013；樊国福．留日学生与直隶省教育近代化（1896—1928）［D］．石家庄：河北大学，2012；吴玉伦．清末实业教育制度研究［D］．武汉：华中师范大学，2006；李青山．中国近代（1840—1949年）兽医高等教育溯源及发展［D］．北京：中国农业大学，2015

② 罗银科．民国时期农村职业教育研究［D］．长春：东北师范大学，2012；李晓霞．近代西北科学教育史研究［D］．西安：西北大学，2013；李妍．国立中央大学畜牧兽医系史研究（1928—1949）［D］．南京：南京农业大学，2013；葛明宇．中央大学农学院和金陵大学农学院的比较研究［D］．南京：南京农业大学，2013；包平．二十世纪中国农业教育变迁研究［D］．南京：南京农业大学，2006；徐振岐．民国时期黑龙江高等教育述论［D］．长春：吉林大学，2013；李红辉．梁漱溟农民教育思想研究［D］．北京：北京交通大学，2011；时赟．中国高等农业教育近代化研究（1897—1937）［D］．石家庄：河北大学，2007；许小青．从东南大学到中央大学［D］．武汉：华中师范大学，2004；黄晓通．近代东北高等教育研究（1901—1931）［D］．长春：吉林大学，2011

③ 张玥．抗战时期国立大学校长的治校方略研究［D］．南京：南京大学，2013；程斯辉．中国近代大学校长研究［D］．武汉：华中师范大学，2007；李占萍．清末学校教育政策研究［D］．石家庄：河北大学，2009；李瑛．民国时期大学农业推广研究［D］．上海：华东师范大学，2011；张蓉．中国近代民众教育思潮研究［D］．上海：华东师范大学，2001；张雪蓉．以美国模式为趋向：中国大学变革研究（1915—1927）［D］．上海：华东师范大学，2004；肖兴安．中国高校人事制度变迁研究［D］．武汉：华中科技大学，2012

3. 学术研究与交流的相关资料

近代兽医学术研究随着社会和经济需求的变化，学术重点也在不断转移。从清末的兽医相关出版物来看，兽医学的研究重点在马病方面，而到了20世纪20年代，牛病研究开始迅速发展，尤其在20世纪30年代，牛和猪的疫病防控与生物制品研制成为兽医发展的主要内容，预防兽医学成为发展主流①。同时，专业期刊的出版提供了学术交流的平台，专业学会的成立也促进了学术会议的展开，有利于研究成果更为广泛地传播。相较而言，兽医基础学科生理学、药理学、病理学和解剖学，到了30年代末40年代初，才得到了较多的发展和关注②。在学术交流方面，早期主要是邀请国外专家来做讲座或交流，或者通过留学、考察的方式，获得更多、更为先进的知识③。到了20世纪40年代，与国际组织的联系增多，参加学术会议也在逐渐增加，且有一些研究成果可以在国际上处于领先水平。关于兽医学术研究与交流，多是一些研究的部分内容，一般是简单提到，未深入分析和探讨。

综上所述，目前关于中国近代兽医发展的资料较为零散。全面系统的研究较少，在农史学界和兽医学界虽然都有一些相关研究，但仍需要更多的探析与思考，尤其在学术方面的研究几乎是空白状态。所以需要进行全面系统的梳理与分析。

---

① 魏露苓．晚晴西方农业科技的认识传播与推广［D］．广州：暨南大学，2006；任耀飞．中国传统农业的近代转型研究［D］．杨凌：西北农林科技大学，2011；苑朋欣．清末农业新政研究［D］．石家庄：河北师范大学，2007；朱世桂．中国农业科技体制百年变迁研究［D］．南京：南京农业大学，2012；尹洁．西北近代农业科学技术发展研究［D］．杨凌：西北农林科技大学，2003；杨常委．民国时期山西农业科技［D］．太原：山西大学，2009

② 陈元．民国时期我国大学研究院所研究［D］．武汉：华中师范大学，2012；王学志．东北土地资源及畜牧业发展研究［D］．长春：东北师范大学，2013；冯志杰．中国近代科技出版史研究［D］．南京：南京农业大学，2007；刘娜．论中国近代科技期刊在科技传播中的影响和启示［D］．上海：东华大学，2010

③ 孙洋．太平洋战争时期美国对华文化援助研究［D］．长春：吉林大学，2012；沈志忠．近代中美科技交流与合作研究［D］．南京：南京农业大学，2004；沈志忠．近代中美畜牧兽医科技交流与合作探析［J］．安徽史学，2010年06期

三、资料筛选与研究路径

本书选定的地理范围是中国，所以选用的资料以中文文献为主，辅以部分英文和日文文献。

研究限定的时间为近代（1904—1949 年），因为从历史学的角度来看，中国近代开始于 1840 年，但是从兽医研究的角度来看，1904 年以前，虽然《农学报》上刊载的《泰西农具及兽医治疗器械图说》① 有兽医相关内容，但是对整个兽医业来讲，并未产生太大的影响。1904 年，在袁世凯的积极推进下，由崔步瀛主持兴办了北洋陆军马医学堂，标志着中国现代兽医体系的建立。当然也有一些学者认为，北洋马医学堂创立于 1905 年②，笔者根据 1947 年《兽医畜牧杂志》5 卷（3-4）《本校简史》的内容判断③，当时已实行民国纪元，所以，日期的表述上，十二月一日应为公历，所以将起始的年份定为 1904 年。所以一般选用 1904 年以后的资料。

由于本研究涉及兽医的管理、教育、研究、交流、推广等多个方面，所以尽量选取 1904—1949 年的档案、年鉴、图书、期刊等作为研究资料，不仅限于兽医方面的资料，还要扩展到畜牧、农业、教育、防疫、卫生等多方面内容。

在目前已有资料的基础上，按照时间顺序，运用文献学、历史学、统计学方法归纳总结，对不同时期的兽医业状况进行总结、梳理、分析、比较，获得兽医业的发展趋势，以文献资料和数据分析为论据，能更真实准确地反映中国近代兽医发展。

---

① 日本驹场农校．泰西农具及兽医治疗器械图说［J］．农学报，1898 年 36 期

② 甘少杰．清末民国早期军事教育现代化研究（1840—1927）［D］．西安：河北大学，2013；樊国福．留日学生与直隶省教育近代化（1896—1928）［D］．石家庄：河北大学，2012

③ 教务处．本校简史［J］．兽医畜牧杂志，1947，5（3-4）：1-4. 由于《兽医畜牧杂志》的出版者是陆军兽医学校《兽医畜牧杂志》出版社编辑股，所以文章《本校简史》内容是介绍陆军兽医学校的沿革，其中“逊清末叶，清室戒于外患频仍，不得不施行新政，于是立学校，练新军，并成兽医马政，关系建军基础，兽医人才之培育，刻不容缓，遂于民国纪元前八年十二月一日设本校于保定，派徐华清先生为统办，姜文熙先生为监督，定名北洋陆军马医学堂，隶属北洋练兵处”为创设之经过，民国纪元前八年即为 1904 年，相信这个说法较为准确

研究路径：1904年以前中国兽医业基本情况—1904年开始，西兽医引入与现代兽医体系建立（教育、管理、学术研究）—中兽医的传承与发展，探索这样发展的动因—中西兽医的遇见与交互作用。

本书分为五章。

第一章为西学东渐背景下的中西兽医，主要从晚清时期中兽医的基本情况、洋务运动推动的西兽医发展两个方面进行梳理。旨在展现晚清中西兽医的基本状况和社会、经济、文化背景。

第二章为西兽医的引入与发展，先简析了甲午战争后中兽医发展然后从兽医教育体系的发展、管理体系的改进、学术研究与交流三个方面进行整理。具体针对中国近代兽医学校（科系）的建立与发展，兽医现代教育体系的课程设置与学制，校长（主任）对兽医现代教育的影响，兽医科技推广及人员培训；兽医官方管理机构的变化，防疫、检疫机构的创建及其功效，现代兽医院兴起与执业兽医管理，家畜疾病的普查；兽医研究机构的创建与发展，兽医学术研究成果探析，兽医学会的成立与学术交流多方面进行分析比较，尽量系统清晰地展现中国现代兽医体系的形成与发展过程。

第三章为中兽医发展渐缓，主要从“中医废止案”对中兽医的影响、战时中兽医的贡献、中西兽医融合发展、中兽医的传承四个方面进行整理，尽量还原中兽医在现代兽医体系的冲击下的发展与传承。

第四章为中国兽医现代化：交锋与融合，针对中西兽医的变化趋势，分析其动因，探索中西兽医融合发展的可借鉴经验。主要从中西兽医体系的特点比较、中西兽医的相遇与摩擦、现代兽医体系结构的变化、中西兽医的融合与发展四个方面进行分析研究。

第五章为中国兽医现代化对中国近代社会和经济的影响，立足于当时社会、经济、文化等多方面，探索其联系与相关性。主要从中国兽医现代化产生的社会效益、带来的经济效益、对农业产业的影响、对兽医行业发展的影响、经验及教训五个方面进行探析。

结语部分，主要是对中国近代兽医发展的评析。从史学角度，观察中国兽医体系的形成与发展，了解其动态变化过程和可能的动因，探讨其优势与弊端，进而探讨中国兽医现代化对现代兽医发展的影响。

第一章　西学东渐背景下的中西兽医

从中国的地理走势和构成来看，大部分地区远离海岸线，在交通不便利的条件下，更适宜发展自然经济，即农牧业。人们往往在相对闭塞的环境中生存发展，所以，中国在农业发展的过程中，更关注人与环境的关系：讲究“天人合一”“万物有感”，注重可持续发展，所以，历代统治者都将国策倾向于农业生产，并积极对农业技术进行总结和推广。兽医业是与畜牧生产和军事发展紧密相连的一个行业，历朝历代都比较重视，兽医的社会地位也比较高，在马政系统中都是有品阶的，甚至可以封侯①，说明在中国传统社会中，兽医业的发展是得到政府支持的。所以会有一些兽医学著作流传下来。也逐渐形成了以中国哲学为基础的中兽医。

从中兽医体系来看，重视积累经验和实际操作多于书本上的传承。学徒方式的教育，与中医一样，需要大量的病例边学习兽医知识，边进行实践。中兽医思想源于中国传统哲学，着眼于系统观念，在医治病症方面，注意个体差异和环境因素，除诊治疾病外，还关注家畜的身体素质，通过固本防病，提高免疫力。在疾病诊治方面，中兽医已经形成了独特的体系。早在秦汉时期，就已经开始对症治疗，在诊断程序上，通过对病症的观察，已经开始区分内科、外科。到了晋代对于马的便秘有“以手纳大孔中探却粪，大效；探法，剪却指甲，以油涂手，恐损破马肠”②，即通过打碎马的粪便秘结，治疗便秘。到了唐代，中兽医行业发展迅速，并开始使用《司牧安骥集》作为教材，便于更广泛地传播兽医知识。书中以马病为主，绘有马的

① 北宋兽医常顺，因医治战马有功，被封为“广禅侯”，当然这只是民间传说，其真实性有待考证。民国时期，在西北防疫处防治兽疫的杨守绅先生，最后官至“少将”，应算得兽医“拜将”

② ［东晋］葛洪：《肘后备急方》卷八《治牛马六畜水谷疫疠诸病方第七十三》，其实很多中医药典籍中都有治疗兽病的方法和方剂

身体构造：穴位、关节、骨骼、经络等，便于发病部位的确定；主要疾病以消化道为主，包括马的食道阻塞、腹泻、肝炎、牛的瘤胃臌气、瘤胃积食等①。宋代开始建立专门的兽医院，收诊患病马匹，开始设立兽药房。兽药方面，与中药一样，通过对植物、动物、矿物等的配伍、炮制，形成针对不同疾病的方剂，对于一般的消化系统、呼吸系统、皮肤、蹄角等方面的疾病，都可以进行诊治，开始对疫病进行隔离诊治，并对死亡家畜进行尸检，都说明当时中兽医已经开始有了检疫与防疫的概念②。元代的《痊骥通玄论》、明代的《元亨疗马集》等进一步总结中兽医知识，对动物疾病的研究还是以马为主。因为明代军马寄养于民间，统治者很注重基层兽医的培养③。所以，也促进了马病研究与总结。在兽疫方面，也有了较为明确的认识，经过多年的经验总结，对兽疫进行隔离管理治疗，一些非烈性传染病可以通过方剂治愈。在去势术和针灸方面，已经相当成熟。

第一节　晚清中兽医基本情况

清代的马匹管理在中央分属于两个系统——内务府和兵部，地方上则有各旗牧场和绿茵牧场。内务府的马匹管理归属上驷院，上驷院主要负责皇帝的御马，设蒙古马医官对马匹进行护理。④ 兵部有两个部门管理马匹，武库司下辖的太仆寺负责牧马⑤，车驾司则负责军马和驿马的管理。一般都是延续旧制，设兽医诊治马病。⑥ 清代的太仆

---

① ［唐］李石．司牧安骥集［M］．北京：中华书局，1957

② ［元］马端临：《文献通考》卷五十六《职官考十》“宋有群牧司制置使（景德四年（1007年）置）……皮剥所，监官二人，以三班使臣充，掌割剥马牛诸畜之死者”

③ ［明］林尧俞：《礼部志稿》卷三十六，明泰昌元年（1620）官修“凡进马骡到于会同馆，即令典牧所差医兽辨验儿骒骟及毛色齿岁”

④ 《清史稿》一百十六《志》九十一“清初沿明制，设御马监，康熙间，改为上驷院，掌御马，以备上乘，曰内马，供仪仗者，曰仗马。御马选入，以印烙之。设蒙古马医官疗马病”一般认为蒙古兽医技术精良

⑤ 乾隆《钦定大清会典则例十六》卷一百五十五“太仆寺附于兵部武库司，直隶山东、河南、江南征马”

⑥ 《隋书》卷二十八《志》第二十三“太仆寺又有兽医博士员”《唐会典》卷十七《太仆寺》“卿一人……兽医六百人，兽医博士一人，学生一百人，亭长四人，掌固六人”

寺牧场的兽医负责马病的调治。在驿站设有兽医负责驿马的诊治。①清代统治者在马政上吸取了明代马政的经验和教训，在养马方面，由国家严格管控，尤其清代统治者担心汉人会夺取政权，所以屡次禁止汉人养蒙古马，马匹被严格控制在满蒙民族手中，所以造成民间养马较少，对马病的诊治需求不高。到清代晚期，马政比较混乱，各牧场监管不力，在马病亡后，进行核查登记上报时，多半是敷衍了事。从广州驻防将军汇报的马匹资料中可以看出，从光绪五年（1879 年）开始到光绪三十四年（1908 年），上报的年份马死亡数量都是 32 匹，还有很多年份不曾上报。说明当时在上报上都懒于调整数据。② 而且，太仆寺最重要的两翼牧场每年报亏的金额更大，所以，这也是光绪帝进行马政改革的原因之一。从流传下来的官方记载来看，唐宋时期，关于兽医的记载比较多，到了清代，记载较少。直到光绪三十二年（1906 年）军制改革，记载才逐渐增多。由此可见，马匹管理受重视的程度降低，兽医的地位也受到一定程度的影响。因此，清代还是沿用《元亨疗马集》，马病著作未见增加。从目前可以查到的资料上来看，基本还是延续明代的兽医技术。

同时，清代人口增加促进了农业的发展，作为耕作主力，牛的地位也更加重要，影响了中兽医的发展方向。清代出现的兽医著作主要有《疗马集》（1788 年，1908 年发现）③、《串雅兽医方》（1720—1805 年）④、《养耕集》（1800 年）⑤、《牛医金鉴》（1815 年）⑥、《相

① ［清］黄六鸿《福惠全书》卷二十八“其为驿役也有总理有兵房……打探、医兽、之各执事”；《清实录乾隆朝实录》卷七百十七“各驿中俱有素识马性之人……设兽医。加意调养”

② 中国第一历史档案馆．光绪朝朱批奏折·第五十五辑军务马政［A］．北京：中华书局，1995

③ ［清］周海蓬著，于船校．疗马集［M］．北京：农业出版社，1959

④ ［清］赵学敏著，于船，郭光纪，郑动才校注．串雅兽医方［M］．北京：农业出版社，1982

⑤ ［清］傅述凤手著，杨宏道重编校注．养耕集校注［M］．北京：农业出版社，1966

⑥ 邹介正．牛医金鉴［M］．北京：农业出版社，1981

牛心镜要览》（1822年）[①]、《活兽慈舟》（1873年）[②]、《医牛宝书》（1886年，1918年发现）[③]、《牛经切要》（1886年）[④]、《猪经大全》（1891年）[⑤]、《驹病集》（1909年）[⑥]、《治骡良方》（1933年）[⑦] 及年代不详的《牛经大全》[⑧] 和《抱犊集》[⑨]。从研究的对象上，牛病、猪疾病显著增加，还涉及羊病、犬病等，说明兽医业在逐渐发生转变，民间兽医更关注牛、猪的诊治，也进行了大量的案例积累和总结。在兽医的传承方面，中国讲究子承父业，中兽医与中医一样，技术都是家传数代或者师徒传承，一方面很多家族的诊治技术都具有独创性，一般不愿意外传；另一方面民间兽医更注重技术操作的传承，在知识的书面总结方面稍弱，这在一定程度上，影响了中兽医著作的流传。[⑩]所以，想了解当时兽医技术水平，我们可以通过对流传下来的著作进行分析探寻答案。但是不能全面、准确地反映当时兽医行业其他方面的内容，如从业人数与规模、从业资质与评定、从业传承与分布等。

一、疾病类型

中兽医相关著作的流传，一般都经过了后人的整理，尤其是中华

---

① 敦善闲原本．相牛心镜要览［M］．南京：畜牧兽医图书出版社，1958

② ［清］李南晖著．四川省畜牧兽医研究所校注．活兽慈舟校注［M］．成都：四川人民出版社，1980

③ 江西省中兽医研究所．医牛宝书［M］．北京：农业出版社，1993

④ 于船，张克家点校．牛经切要［M］．北京：农业出版社，1962

⑤ 贵州省兽医实验室订校．猪经大全［M］．北京：农业出版社，1960；根据遵义彭藏本载有“壬辰年六月李德华、李时华敬录”推测至少刊印于1892年以前

⑥ 陕西省畜牧兽医研究所中兽医室．校正驹病集［M］．北京：农业出版社，1980

⑦ 没查到相关书籍

⑧ 湖南常德县畜牧水产局《大武经》校注小组．大武经校注［M］．北京：农业出版社，1984；《牛经大全》又称《大武经》

⑨ 杨宏道，邹介正校注．抱犊集校注［M］．北京：农业出版社，1982

⑩ 其实，在中国古代，有很多行业都是家族式传承的，尤其是一些技术要求和社会地位较高的行业，很多兽医世家都是家传5代、8代甚至十几代，一般是学生小时候学习基本知识和兽医典籍，十几岁就可以随父兄出诊，辨识病症，学习诊治，了解药性，学习配伍和方剂，在实践中学习兽医技术。在兽医技术的传承上，首先会对学生进行筛选，并不是一概而论，从人品、资质、悟性等方面，因材施教，分阶段教育，对于家族或门派的秘法一般只传给一两个高水平的继承者，既合理分配了教学资源，又保证了技术的传承与发展，也正是这样的教育模式，形成了独特的中兽医体系

人民共和国成立初期，曾经进行过大规模的中兽医著作整理，这些流传下来的著作，可以展现当时的中兽医治疗对象与方法。① 中兽医著作的疾病分类主要有两种方式，一为按动物品种分类，如马病、牛病、猪病，一为按病症系统分类，如肝病、肾病、心病等。

中兽医马病的相关研究可谓是集大成者，对日韩的兽医发展产生深远影响，比如韩国有马医。《疗马集》②（1788 年，1908 年发现）的作者是乾隆时期山东临淄县著名兽医阎冠五，全书共记有 34 症，都出自《元亨疗马集》，　“七十二针法，百一方”，并附图例（图 1–1，图 1–2），从书的内容来看，主要介绍马的疾病症状、发病

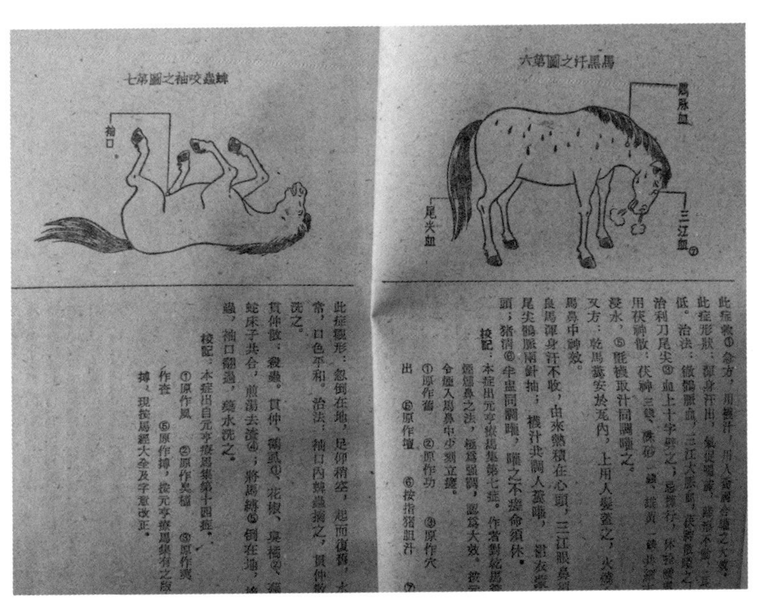

图 1–1　马黑汗及蜱虫咬袖③

① 张泉鑫．中兽医药文化遗产（古籍、著作）发掘整理的现状调查报告［C］．中国畜牧兽医学会中兽医学会第八次代表大会暨 2014 年学术年会论文集

② ［清］周海蓬著，于船校．疗马集［M］．北京：农业出版社，1959

③ 马黑汗是指马体表有血样渗出，传说中汗血宝马体表会出血，目前对这种现象有很多说法，不逐一阐述。蜱虫咬袖是指蜱的叮咬，是属于体表寄生虫病，蜱容易携带病毒，多会传染

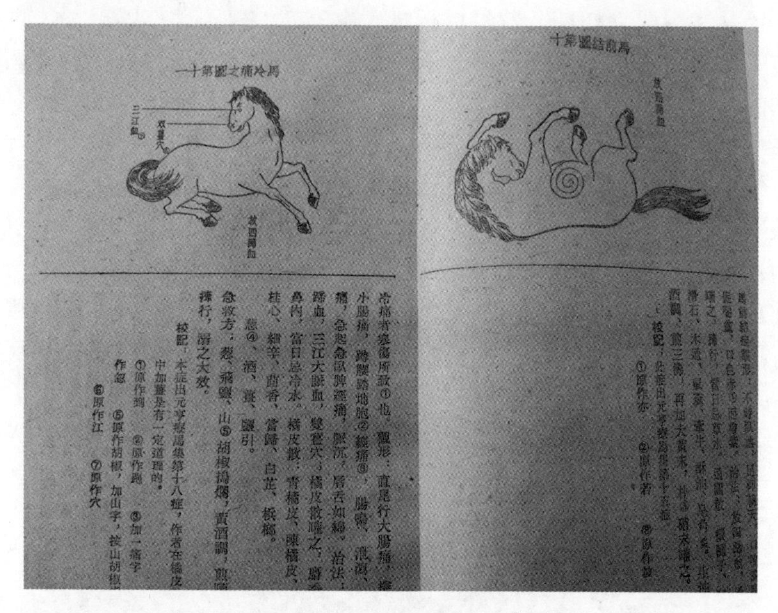

冷痛者寒傷所致①也。觀形：直尾行大腸痛，捲
小腸痛，蹲腰踏地胞②經痛③，腸鳴、泄瀉、
痛，急起急卧脾經痛，腰沉，唇舌如綿。治法：
蹄血，三江大脉血，雙臺穴；橘皮散嚨之，麝香
鼻内，當日忌冷水。橘皮散：青橘皮、陳橘皮、
桂心、細辛、茴香、當歸、白芷、檳榔。
葱④、酒、醋、鹽引。
急救方：葱、飛鹽、山⑤胡椒搗爛，黃酒調，煎嚨
捧行，瀉之大效。
校記：本症出元亨療馬集第十八症，作者在橘皮
中加蔓是有一定道理的。
①原作到 ②原作跑 ③加一痛字
④原作忽 ⑤原作胡椒，加山字，按山胡椒
⑥原作江 ⑦原作穴

图 1-2　马前结及马冷痛①

位置、病因、针灸疗法、用药和来源。书中记载“症状：四肢倦怠耳奋头低……”“治法：火针法脾俞，吐草者益，智教灌之，翻胃吐草”。

《串雅兽医方》②（1720—1805 年成书）作者赵学敏，不仅是优秀的兽医，也是出色的中医。书中记载了多种动物的疾病，其中，马病 18 种，牛病 13 种，猪病 3 种，驼病 10 种，狗病 4 种（癞、蝇、卒死、犬子各一），猫病 5 种，鸡病 4 种（瘟）。

《养耕集》（1800 年）③ 发现于江西滨湖（鄱阳湖）沿江（赣江）地区，又称《医牛全书》，历史中未见记载，只有手抄本。作者傅述凤，新建双港人，是当地优秀的兽医，成书于嘉庆五年（1800 年），当时作者八十岁高龄，由其子执笔整理，自序中提到“余奉家

① 这是两种马的常见疾病，现仍多见

② ［清］赵学敏著，于船，郭光纪，郑动才校注．串雅兽医方［M］．北京：农业出版社，1982

③ ［清］傅述凤手著，杨宏道重编校注．养耕集校注［M］．北京：农业出版社，1966

君之命而作者也，家君素有良医之誉，相邻常称彦焉”。成书的原因是“水灾频仍，民不聊生。草料奇缺，疫疠流行，牛马损失大”，即当时灾害多，瘟疫横行，牛马损失大。该书主要内容“牛图四十余穴，杂症四十余条”。上部分为针法，下部分为方药。对耳、皮、毛、眼、舌、口、咽、鼻、牙、肚、大小便等有论述，并对脏腑理论进行总结。

《牛医金鉴》（1815 年）①，又称《牛经备要》，发现于江苏兴化，是由许姓兽医总结的，已经传 8~10 代。书中以牛为主要对象，也包括部分马病“疗牛马歌”“骟牛马穴”“针刀十六穴”。按照中医的望闻问切诊断方式，对牛病加以介绍，在病症的描述上，已经很为准确，如点痛“昂头点，膊尖疼，平头点，下栏骨痛……直脚行，膝上疼，促步行，骨头痛……一卧不起，遍身肢筋疼痛”，在跛行的判断上，可以区分是直跛还是旋跛或混合型。疾病各论中，介绍病症和方剂，方剂一般为组合方剂。共介绍 79 种病症，还包含 3 个具体病例，“牛瘦弱死，剖检，心肝有针刺入”即心包损伤。

《相牛心镜要览》（1822 年）② 发现于湖北荆州，道光二年（1822 年）壬午岁之春善成堂刊，无著者。主要用于相牛，也包含常用药方。如“服药单：先吃单、后吃单、又单”“发乳单”“治牛生疮单”等。

《活兽慈舟》（1873 年）③ 包含多种动物的病症介绍，黄牛、水牛、马、猪、羊、犬、猫。疾病与《医牛宝书》分类相似，病种相似。增加了症状部分和病因，如“心黄，目赤口张吐唾涎”“蹄病，走穿，有泥沙石木、牛圈脏屎尿，污泥，旋虫食肉”“疥癞，皮搔小疔，破皮落毛”。疾病分类上，一般按发病脏器和症状分类（表 1-1），除这 3 种动物外，还记载猪病 14 种如“瘦虫积方，泻虫法（寸白，虱，虫瘙，蝤虫，产仔不下”等，羊病 7 种如“皮瘙毛落，不产羔，产仔不下，跌伤筋骨”等，犬病 9 种如“狂犬病，皮瘙，生蝇，脱毛，生虱，耳内虫旋，被水烫”等，猫病 7 种如“食少，损

① 邹介正．牛医金鉴［M］．北京：农业出版社，1981

② 敦善闲原本．相牛心镜要览［M］．南京：畜牧兽医图书出版社，1958

③［清］李南晖著，四川省畜牧兽医研究所校注．活兽慈舟校注［M］．成都：四川人民出版社，1980

伤，吐食，生虱”等。都为比较典型的各动物常染疾病。

表 1-1　《活兽慈舟》主要动物疾病分类及数量

动物品种	心	肝	脾	肺	肾	外产	寄生虫	其他
水牛	6	9	17	12	7			
黄牛	11	9	9	16	8			
马	9	14	12	10	8	13	4	3

以《医牛宝书》（1886 年，1918 年发现）① 为例，该书上标有“民国七年岁次戊午三月章立明祈记抄”，是 1918 年在江西南昌地区发现的，作者是章兴旺（1886—1961），他是牛医兼牛贩子，除医治牛病以外，也可以医治人的骨伤科。书的主要内容是相牛和医牛两部分，对象包含水牛、黄牛和乌牛。书中首次出现牛内脏解剖图（牛头，包括眼的结构，还有全身针位），诊断方面主要是看舌论病，讲究用药整体观。具体的内容分为四个部分：基本理论、常用中药、针法以及治疗。其中，基本理论包括总论、舌论、病因诊治（不治的症状——牛耳诊病）；常用中药包括中药药性、四季用药、春秋用药、全身单、通用药等；针法包括常用针灸穴位和组针；治疗又包括病状、药疗、针疗。从《医牛宝书》的疾病类型来看，由于是医牛专书，所以疾病类型是按照不同的症状来区分的。主要是内科疾病、产科疾病和蹄病及外科疾病。内科疾病主要集中于胃肠疾病如“草食胀、百叶胀、血皮胀、肠结”，还有可能是传染病的“止泻、痢疾、霍乱、便血”，产科疾病如“催生、下衣、奶痈奶岩歌”以及“母子传症”，还有绘制的“下胎图”显示犊牛在产道位置，蹄病及外科疾病如“蹄黄、软脚、打伤”。② 这基本与现代兽医学中临床兽医学的分类相符，按照内科、外科、产科分类，这也说明了中兽医学是临床实践经验的总结。

《牛经切要》（1886 年）③ 全书 24 页，介绍了 31 种疾病，光绪十二年（1886 年）双贤堂刻。主要包括相牛总纲、相牛各论、牛病

① 江西省中兽医研究所．医牛宝书［M］．北京：农业出版社，1993
② 江西省中兽医研究所．医牛宝书［M］．北京：农业出版社，1993
③ 于船，张克家点校．牛经切要［M］．北京：农业出版社，1962

疗法和多发病症。主要是相水牛、黄牛，极简单。书中也提到了牛瘟疫及火症。

《牛经大全》[①]是常德民间洞庭湖（安乡、汉寿、澧县）地区的兽医著作，是兽医黄东海师徒5代传承的手抄本，清末发现。其中相牛“源自心镜”。主要包括辩证、针灸、病症（医歌附图），共有医方114个，方剂药方30个，通用药方18个。还包括常用草药并附图。

《抱犊集》[②] 是新建县中兽医万庆熙保存的手抄本。和《医牛宝书》《养耕集》一样，都发现于江西地区，这方面与当地注意总结有关，也与后来江西省对中兽医的重视与发掘有关。在《全身针法篇》中穴位的记述上有些与《养耕集》不同，还记载了火针法。方剂较多，以方论证，比如“四时方有消风散，平胃散”“喉疯内吹药方”“外敷药方”等。《病症候篇》记载了“瘟疫时症”“瓜藤黄症（感染链球菌）”“毒血穿皮（败血症）”“食疫（食物中毒）”等。

《猪经大全》（1891年）[③] 成书于光绪十八年（1891年）以前。记载猪病49种。主要是疾病的诊断即“问症”。书中含有症状的手绘图。

《驹病集》（1909年）[④] 由贾斌所著的《马骡驹子论》、崔慧轩的《驹儿病全卷》和陈云瑞的《驹儿病问答》整理而成。贾斌在《马骡驹子论》的序中提到“余业兽医日久，颇有所得，敬述管见，以质同仁”，说明其为从业的兽医。书中主要以问答方式记述了症状、药方、病因，书也含图。记载肝病8种，心病7种，小肠病3种，脾病10种，胃病4种，肺病20种，大肠病9种，肾病7种，杂症5种。

从这些著作的内容来看，疾病类型分类有两种，一种按照动物品种分类，如《串雅兽医方》《活兽慈舟》等综合类的兽医书，按照

---

① 湖南常德县畜牧水产局《大武经》校注小组．大武经校注［M］．北京：农业出版社，1984；《牛经大全》又称《大武经》

② 杨宏道，邹介正校注．抱犊集校注［M］．北京：农业出版社，1982

③ 贵州省兽医实验室订校．猪经大全［M］．北京：农业出版社，1960；根据遵义彭藏本载有“壬辰年六月李德华、李时华敬录”推测至少刊印于1892年以前

④ 陕西省畜牧兽医研究所中兽医室．校正驹病集［M］．北京：农业出版社，1980

牛、马、猪、羊、犬、猫、鸡等。还有一种是按照疾病类型分类，如《疗马集》《医牛宝书》《猪经大全》，这几种是专门的兽医书。动物疾病的介绍，多从病症的角度入手，部分也分析了病因，结合不同区域地理特点进行了阐述。一般是按照中医经络脏腑分类的，包括心经、肝经（胆）、肺经、脾经（比较少）、肾经、胃肠络、胎产、外杂等。虽然与西兽医的分类系统不同，但也是经过长期归纳总结辨证论治，有对应治疗的方剂，中药取用简单，一般就地取材，价廉实用。

从成书的数量上来看，早期的兽医著作集中于马，如《串雅兽医方》记录马病 18 种，牛病数量 13 种。到晚清时期，牛的相关兽医图书大量出现，涉及马病著作 4 种，其中专著 2 种，牛病著作 9 种，其中专著 7 种，兽医综合图书《活兽慈舟》中记录马病 73 种，牛病 104 种，牛病数量已大大超过马病，与晚清农业的大力发展，耕牛的作用提升有关。晚清猪的养殖增加，也促进了猪病专著的出现，说明晚清畜牧养殖品种多元化。

从成书的地区来看，浙江、江苏、江西、湖北、湖南、四川、贵州、山东，都是晚清时期农业的发达地区，关注相关内容的总结和兽医水平的发展，对促进地方农业增产增收有很大作用。

二、诊疗手段

中兽医的诊断与中医相似，望闻问切，其中问与中医不同，主要是问动物的主人。在古代，对牛马等大动物的饲养、宰杀等都有明确的法律规定，而且是与农业生产和国家国防相关的重要物资，所以深受饲主的重视。中兽医的治疗主要靠针灸和中药。如《养耕集》（1800 年）中有“针不能到者，有药以至之；药不能及者，有针以挽之”①。即二者相辅相成。本部分以较有代表的几本书，分析中兽医的诊疗。

以《疗马集》② 为例，“蜱虫咬袖之图第七”“此症观形：忽倒

① ［清］傅述凤手著，杨宏道重编校注．养耕集校注［M］．北京：农业出版社，1966

② ［清］周海蓬著，于船校．疗马集［M］．北京：农业出版社，1959

在地，足仰稍空，起而复旧……口色平和。治法：袖口内蜱虫摘之，贯仲散洗之。”症状表述清晰，治法简单明了，这是对体表寄生虫的很适宜的处置方式，去除病因，药散外敷。

《养耕集》[1] 中则有更多对兽医执业的要求“入门看病，明缓急、识轻重、辨死生、精难易、通针药”。一般疾病可以通过针灸和方剂进行救治。针灸“治癀法为出，以牛猪癀多”“蹄黄，发热被水侵，四足肿痛又锁筋，针得癀尽要血出，一朝痊愈效如神”。时疫（流感）则需“补元汤，扶正祛邪”。

《牛百叶干燥歌》[2]

百叶干焦热本多，肝亏肾水不调和。
制者当先泻心火，后和五脏是专科。
若是日久鼻干燥，针药无功怎奈何。

书中的“治牛瘟疫法”“隔离，透放于郊舍内，或寄于亲戚家中，万一无有可避之地，当于未病洗用银朱一两或五钱，和好醋研浓将两角涂满，并鼻上，头顶、尾上、两耳、四蹄，一齐尽涂之。每日再用朱砂，雄黄，和好烧酒调匀，遍擦之，连擦一七……”则是对动物传染病的治疗，在未病之前实施隔离，进行药物预防，“病已临身，又各由天命”。当时还没有很好的治疗方法。

《活兽慈舟》（1873 年）[3] 中记载了治破伤风的方法和各种瘟疫的预防。牛病中，记载了瘟疫的预防方，烂肠证（猪瘟）需要“清火散寒”，猪病的“避瘟疫法”“牛马染证，豕当避焉，先备避瘟药而常熏豕舍”，即注意隔离和圈舍的消毒，说明当时人们已经注意到一些疾病的传染性和易感动物，尤其预防不同动物品种间的共患病，知道消毒防疫的作用。

《医牛宝书》[4] 中对于“蹄黄、软脚、打伤”等疾病可以通过

---

① ［清］傅述凤手著，杨宏道重编校注．养耕集校注［M］．北京：农业出版社，1966

② ［清］傅述凤手著，杨宏道重编校注．养耕集校注［M］．北京：农业出版社，1966

③ ［清］李南晖著，四川省畜牧兽医研究所校注．活兽慈舟校注［M］．成都：四川人民出版社，1980

④ 江西省中兽医研究所．医牛宝书［M］．北京：农业出版社，1993

"敷药、刀赋生肌散、打拐脚打药"等进行治疗。而对于产科疾病如胎衣不下有针对的歌药。

《胎衣不下歌药》①

母牛得病最难医，胎前产后病不轻。
十月怀胎如已满，生下之时人不知。
今请郎中采用法，催下胎衣看分明。

药用鸡头叶（芡实叶），烧水吃下效如神，决一边，决一角，蚀一角。易下之也。

《猪经大全》（1891年）② 彭本中有"治瘟疫时症""大头烂喉""四时感冒""猪瘟""犬瘟""猫病"等内容，其中有"猪瘟仙方：北细辛、牙皂、生川乌、草乌、雄黄、狗头骨烧，为末吹鼻"。

从这几本书的内容来看，在外科疾病方面，主要注意处理外伤，去除病因，敷药进行救治。在内科方面，如百叶干，需要泻火诊治，主要也是靠药物治疗。产科方面，如胎衣不下也是通过药物进行治疗，也可以通过针灸辅助治疗。

在传染病方面，有预防隔离的意识，部分会通过药物进行预防，并积极进行环境消毒。对于个别的疾病，可以通过针灸加方剂的方式进行诊治，比如癀（炭疽），进行放血处理，方药治疗。而对于一些烈性传染病，比如温和型的猪瘟，也可能通过方剂治愈。中兽医与中医一样，还是讲究整体观，注意固本，即增加动物的免疫力，达到抗病祛病的目的。

而对于基础研究，各书中也都提到中兽医的理论，只是一般都是以《黄帝内经》为理论基础，通过阴阳五行、脏腑经络与环境、气候等多方面的相关因素，来解释疾病的产生，而药物的属性方面，也都有比较透彻的分析。虽然古人还未全部了解药物的有效成分，但是通过实际使用的药效反应，逐渐总结出中药的作用，比如动物便结，一般可以通过滑石等泻下的药物进行治疗。并通过长期的观察总结分

---

① 江西省中兽医研究所．医牛宝书［M］．北京：农业出版社，1993

② 贵州省兽医实验室订校．猪经大全［M］．北京：农业出版社，1960；根据遵义彭藏本载有"壬辰年六月李德华、李时华敬录"推测至少刊印于1892年以前

析，逐渐找到了中药的配伍规律，形成大量疗效显著的方剂。也形成了中兽医的模式和特色。

中国传统农业的发展与土地户籍政策是息息相关的。历朝历代的统治者，为了促进农业的可持续发展，一般都希望子民能安守故土，在固定的区域繁衍生息，这样既能让子民对土地的感情深植于心，也能让数代人的智慧不断促进农业发展，还能将农业技术长期传承下来。因此，中国形成了地区性的小社会，相对来讲一个村落可能是相对封闭的环境，会有很多专业技术人员是由特定的人来从事的，因为他们熟知地理特点、气候环境、风土人情、风俗习惯，所以在执业过程中，有很多内容是科学之外的部分，既包含社会学、人类学、心理学，也涉及历史、文化、宜忌等内容。兽医这个行业也是一样，很多兽医世家都是家传5代、8代甚至十几代，一般是小时候学习基本知识和兽医典籍，十几岁就可以随父兄出诊，辨识病症，学习诊治，了解药性，学习配伍和方剂，在实践中学习兽医技术。在兽医技术的传承上，首先会对学生进行筛选，并不是一概而论，而是从人品、资质、悟性等方面，因材施教，分阶段教育，对于家族或门派的秘法一般只传给一两个高水平的继承者，既合理分配了教学资源，又保证了技术的传承与发展，也正是这样的教育模式，形成了独特的中兽医传承体系。

第二节　洋务运动与西兽医萌芽

中国自古以来，就很愿意与其他国家进行文化与科技的交流。无论是汉代张骞出使西域，唐代日本遣唐使访学，还是元代马可·波罗来朝，明代郑和下西洋，不管是不是包含政治目的，都促进了中国与世界各国的沟通与交流。尤其在农业技术方面，中国有三次比较大规模的良种引进，促进了中国农业发展与繁荣。同时，中国的先进技术也对其他国家产生影响，如中兽医的阉割术、针灸等技术传入日本和朝鲜，对两国的兽医技术产生了深远影响。最开始的西方科学，都是通过教会传入中国的。纵观西方科学的演进史，都离不开宗教。无论是统一，还是对立，二者都紧密相连。[①] 像明代晚期的利玛窦，清代初期的南怀仁等，都是教会人员在进行科学传播工作。但是，清代的闭关政策导致中国与其他国家的交流减少，甚至即便康熙对西方科学很感兴趣，也一直没有进行推广，究其原因，有三种可能的因素，一是他了解西方科学的威力，怕民间有人掌握之后起义造反；二是他认为中国的“本”是农业，不是商业，所以对技术没有需求；三是他认为西方科学只是一种“奇淫巧计”，不值得推广。所以，西方科学的传入，虽然让国人有了些许认识，但是并未引起关注。直到鸦片战争的炮火撞破中国的大门，人们才发现科技不是小技，而是致命的武器，所以才开始关注西方科学，准备学习利用。当然，在这个过程中，西方科技对于中兽医影响不大。中兽医方面有几部著作流传下来：《活兽慈舟》（1873 年）[②]、《牛经切要》（1886 年）[③] 和《猪经大全》（1891 年）[④] 等，从这几本书的内容可以看出，这段时间的社会需求，还是以牛病、猪病为主，是中兽医技术的总结与发展。中兽医教育也仍然是传统的方式。

一、洋务运动

洋务运动主要开展于 19 世纪 60—90 年代，主要是洋务派大臣发起的一次对西方科技的了解与实践的活动，其目的是提升军备力量，科技富国强兵。并且提出了“师夷长技以制夷”“中学为体，西学为用”等思想。通过发展工业和传媒、兴办运输业和学校等方式，全盘西化，学习西方科技与政治。力图在各个方面与西方发达国家同步。所以，在李鸿章的主持下，陆续兴建了江南制造局、金陵制造

① 赵林．从西方文化的历史发展看科学与宗教的辩证关系 [J]．文史哲，2007 年第 2 期：131-137

② [清] 李南晖著，四川省畜牧兽医研究所校注．活兽慈舟校注 [M]．成都：四川人民出版社，1980

③ 于船，张克家点校．牛经切要 [M]．北京：农业出版社，1962

④ 贵州省兽医实验室订校．猪经大全 [M]．北京：农业出版社，1960；根据遵义彭藏本载有“壬辰年六月李德华、李时华敬录”推测至少刊印于 1892 年以前

局、福州船政局和天津机器局等一批军工厂。有天津水师学堂（1881年）①、广州陆师学堂（1887年）、江南陆军学堂（1894年）等一批军事学校及广州西学馆（1878年）、天津西医学堂（1892年）等技术培训学校。并且早在1862年，创建了京师同文馆，专门培养翻译人才②。并且派遣学生出国留学，分赴英、法、德、美等国，学习先进的科技与文化。洋务运动在很大程度上，开拓了国人的眼界，影响了国人的理念，开始工业化进程，加强了与其他国家的交流。为之后中国社会变革奠定了基础。

二、洋务运动对西兽医发展的影响

洋务运动的兴起，源于清政府在鸦片战争中的失利，割地赔款，屡遭重创。各方面资源也备受掠夺。表面来看，洋务运动和兽医发展貌似没什么关系。其实，洋务运动对西兽医传入，在很多层面上有重要作用。

（一）洋务运动推动了西方科学思想传播

与康熙的做法不同，洋务派能看到西方科技的优势，并学习利用，是对西方科技的肯定，让民众在观念上开始接受洋务思想，并开始接受西方科技。逐渐提升民众对西方科技的了解，改变对科技的认识。鸦片战争的失利，口岸的开放，越来越多的外国人到中国生活，尤其在租界地区，形成了独特的“国中国”的状况，也将很多便利的技术和经营模式带入中国。国人对外国人逐渐适应和接受，既包含技术，也包含文化和思想。

以上海为例，由于租界的人口增多，外国人长期的饮食习惯因素，促使奶牛业发展起来，奶牛养殖增多，后来还形成了城市周边的

① 《清史稿》卷一百七《志》八十二；“天津水师学堂，光绪八年（1882年），北洋大臣李鸿章奏设。次年招取学生，入堂肄业。分驾驶、管轮两科。教授用英文，兼习操法，及读经、国文等科。优者遣派出洋留学，以资深造。厥后海军诸将帅由此毕业者甚伙。”

② 《清史稿》卷一百七《志》八十二；“学校新制之沿革，略分二期。同治初迄光绪辛丑以前，为无系统教育时期；辛丑以后迄宣统末，为有系统教育时期。自五口通商，英法联军入京后，朝廷鉴于外交挫衄，非兴学不足以图强。先是交涉重任，率假手无识牟利之通事，往往以小嫌酿大衅，至是始悟通事之不可恃。又震于列强之船坚炮利，急须养成翻译与制造船械及海陆军之人才。故其时首先设置之学校，曰京师同文馆，曰上海广方言馆，曰福建船政学堂及南北洋水师、武备等学堂。”

牛奶棚，是城市农业发展的先驱。由于消费者对食品安全的需求，上海在租界区建立起相关机构，并按国外规程执行相关条例，提升公共卫生要求。1869 年，上海公共租界任命了工部局的第一位兽医，是外国人基尔。[①] 之后，《海关医报》和《字林西报》还报道了上海暴发的数次牛瘟。由于牛瘟暴发，对牛奶养殖者收益造成影响，养殖者们迫切需要更有效的诊治方法，开始把眼光投向西兽医。而天津的英租界中，对兽医的执业资格和屠宰场兽医监管都做了详细的规定。

所以，在兽医方面，人们开始接受西方先进的科技，租界区的兽医工作广泛开展，使人们开始更多地了解西兽医，促进了西兽医的萌芽。

（二）洋务运动推动新式教育的发展

洋务运动立足于军工装备、机械制造和民用轻工业的生产[②]，为了培养相关的人才，发展工业，洋务派开始了解新式教育思路，并兴建了很多新式学堂[③]。从学科内容和教学方式看，与中国传统教育有很大不同。新式学堂注重科技知识的学习和传播，学习的科目主要有：英、法语言文字、算学、图画等，并且注重实际操作，会在学习后，进行实际操作和训练，加强学生的动手能力。[④]

正是因为洋务派对西方科技的认识，促进了西式学堂的兴起，为之后现代教育体系的建立与发展奠定了坚实的基础，所以在 1904 年

---

① 严娜．上海公共租界卫生模式研究［D］．上海：复旦大学，2012；“1869 年 8 月 3 日，警备委员会任命基尔（D. K. Keele）担任小菜场稽查员，并承担工部局的兽医工作（工部局第一位兽医），月俸为 100 两白银”

② 《清史稿》卷二十二《穆宗本纪二》；同治九年（1870 年）“甲辰，天津制造局成。庚戌，日本请立约通商，允总署遴员议约”

③ 《清史稿》卷一百三十六《志》一百十一；同治五年（1866 年），“左宗棠疏请于福建省择地设厂，购机器，募洋匠，自造火轮兵船。聘洋员日意格等，买筑铁厂船槽及中外公廨、工匠住屋、筑基砌岸一切工程。开设学堂，招选生徒，习英、法语言文字、算学、图画。采办钢铁木料。”光绪十三年（1888 年），“闽厂寰泰快碰船、广甲兵船造成，并造双机钢甲轮船及穹式快船、浅水兵轮。是年，北洋向英国购左一出海鱼雷大快艇一艘，向德国购左二、左三、右一、右二、右三鱼雷艇五艘，挖泥船一艘。北京设水师学堂于昆明湖，广东设水师学堂于黄埔。”

④ 《清史稿》卷一百三十六《志》一百十一；光绪元年（1875 年），“制造局制驭远兵船成。船政制元凯兵船成。以扬武练船令学生游历南洋各处，至日本而还。寻谕南北洋大臣筹办海防。”

建立北洋陆军马医学堂的时候，并没有受到抵制和抗拒，比较顺利地开始了现代兽医学体系的创建。洋务运动的重要成员张之洞还创办了三江师范学堂、湖北农务学堂等对后来农业发展有重要影响的学校。而且，洋务运动学习的对象主要是英、法、德、美等欧美国家，这些国家都曾是科学发展的中心，都在各自文化的基础上，形成了现代科学体系，也包括民主、自由、平等等科学精神，对于兽医学的传播，尤其是很多在传统上认为不可思议的理论时，也能比较迅速地接受和推广。所以说，洋务运动直接开拓了新式教育体系，并在一定程度上解放了国人的思想。

1. 洋务运动时期翻译人才的培养

洋务运动中，除了新式学堂和制造局以外，还建立了培养翻译人才的京师同文馆①，翻译了大量的西方科学和文化的书籍。还有江南制造局的翻译馆，也翻译了很多外文书籍，先后翻译兵学、工艺、兵制、医学、矿学、农学、化学、交涉、算学、图学、史志、船政、工程、电学、政治、商学、格致、地学、天学、声学、光学等书籍160多种。② 从书籍的翻译方面来看，开始时以口述笔译的方式，由外国人口述，中国人记录，原有名词延续使用，中文中没有的，再创造新名词，甚至创造新字，如化学中的元素，很多都是音译造字的。这些都是翻译的开创性工作。翻译的书籍让国人了解西方科学与技术更多。

当然，其中也存在一些问题，就是在专业翻译方面，很多新创造的词语，最后都被更合适的译法替代，也正是这些问题，让翻译馆的管理者认识到，翻译的专业素养很重要，以至于在后来的翻译人员选用方面，更注重专业学科的翻译培养。在西兽医的发展方面，充分吸取了之前的经验和教训，在兽医学书籍的翻译方面，更多的是由兽医从业人员进行翻译，能更加准确、清晰地将理论与技术讲解清楚。这一时期，虽然并没有兽医译著引入，但为兽医相关图书的翻译奠定了

① 中国近代最早成立的新式教育机构，成立于1862年，最初课程只有英、法、俄、汉文，同治六年（1867年）后增设算学、化学、万国公法、医学生理、天文、物理、外国史地等

② 乔亚铭，肖小勃．江南制造局翻译馆译书考略［J］．图书馆学刊，2015年7期：111-113

基础。

2. 洋务运动时期留学人才的培养

洋务运动还有一个重要的举措，就是培养留学人员。促成留学人员出国学习有一位很重要的人物——容闳。他是中国第一位获得耶鲁大学学位的留学人员，系统地接受了西方教育。回国后，参与了洋务运动的很多工作，尤其在与外国的各项事业沟通上，起到了关键作用。[①] 颇受重用的他大力推动了中外沟通与交流工作。洋务运动时期，两次大规模的留学活动为中国培养了专业技术人才，这些人才在之后的维新变法和中华民国创建过程中，都起到了至关重要的作用，比如中华民国第一任总理唐绍仪、驻美国公使并与美国交涉返还1500万美元庚子赔款的梁诚以及甲午海战中殉职的邓世昌等。

正是因为留学的开展，让人们逐渐意识到西方科技的优势，尤其在洋务运动中，对留学学生的着力培养和在经费上的支持，使平民可以获得更好的教育和发展机会，促使人们对西方科技接受程度大大增加。也为之后的中外交流开辟了新的路径，使统治者认识到学习西方科技的重要性。虽然洋务运动经过30多年告一段落，但同时，当权阶层也开始反思其经验与教训，为之后的科技发展奠定了基础。

---

① 《清史稿》卷一百三十六《志》一百十一：同治元年（1862年），“曾国藩于安庆设局，自造小轮船一艘。二年，令容闳出洋购买机器。四年，曾国藩、丁日昌于上海设铁厂造枪炮”，同治十三年（1874年）“旋派容闳往查办。容闳查办讫，报告华工到彼，被卖开山、种蔗及糖寮、鸟粪岛等处虐待情形，合同限内打死及自尽、投火炉糖锅死者甚多，实可惨悯”；[清] 邵之棠.《皇朝经世文统编》卷四十八《外交部三　遣使》：“上谕候补侍郎郭嵩焘、候补道许钤身着出使英国，候补三四品京堂陈兰彬、同知容闳着出使美国、日国、秘国等国，钦此”；[清] 何良栋.《皇朝经世文四编》卷二《治体》：“容闳纵论其事，闳力任能为以，闳尝出使于美国，美国之君臣素信其言也，惟如此大事必须入奏，上达圣听，必须尊亲之大臣上疏……如闳为正使”

第二章 西兽医的引入与发展

与亚洲大陆不同，欧洲大陆早期文明的兴起以古希腊和古罗马为代表，两个国家都有绵长的海岸线，自然条件促使他们开展早期的贸易活动，也促进了商业的发展。因此，形成了与中国完全不同的思想体系和科学体系。正是因为商业活动的特性，使他们形成了平等、自由的契约精神以及对科技的发展与追求。这为现代科学体系的建立奠定了意识基础。

中世纪的文艺复兴也是追寻着古希腊自然哲学的脚步，追求简单、符合逻辑及可以通过数学表达的科学。因此，通过科技革命，大大促进了科技进步。同时，现代大学的成立，促进了西方科技的发展，也见证了科技中心的转移。自由、平等、民主、思辨的科学精神也应运而生。并且通过大航海时代的资本累积，促进了欧洲国家对科技的诉求。与其他科学一样，在这一阶段，西方兽医学随着西方医学的发展，有着多方面的进步。1761 年，法国里昂建立了世界上第一所高等兽医学校，① 到 19 世纪初，欧洲已相继成立了数十所兽医学校。随着显微镜的发明，微生物学、组织学、细胞学等方面的发展，兽医在病理研究、诊疗等方面进展迅速。② 并且在学术研究与交流方面，也有很大的发展，出现了专业的期刊和学会。③ 19 世纪末，日本

① 黄维义．法国兽医教育情况简介［J］．中兽医杂志，1994 年 4 期：53-54

② E. Leclainche. A Short History of Veterinary Bacteriology. *Journal of Comparative Pathology and Therapeutics*，1937，50：321-324

③ U. F. Richardson. The Influence of the Veterinary Profession on Empire Development. *Journal of Comparative Pathology and Therapeutics*，1937，50: 303-306; Some Passages from Sir John M'Fadyean's Addresses and Writings Bearing on Clinical Veterinary Practice. *Journal of Comparative Pathology and Therapeutics*，1937，50: 287-290; Donald Campbell. The National Veterinary Medical Association of Great Britain and Ireland: A Tribute to Sir John M'Fadyean. *Journal of Comparative Pathology and Therapeutics*，1937，50: 249-250

也仿照德国开展兽医教育，学习西方兽医课程，聘请外国教员。① 相比较而言，晚清虽然经历洋务运动和维新变法等阶段，有了西方科技的引进，但是在兽医方面，仍然因循传统诊疗方法和教育方式。

第一节　甲午战争后中兽医发展

清光绪二十年（1894年），中日因朝鲜问题发生海战，即中日甲午海战，历经半年，北洋水师全面战败。② 并因此签订了中日不平等条约——《马关条约》，这次失败是洋务运动结束的标志。正是因为这次战争的失败，洋务派的理论在朝廷备受诋毁，也让人们对洋务运动产生了怀疑。人们面对失败的现实，不得不反思，日本一个小小的岛国，是怎样发展成军事强国的？洋务运动到底有用吗？但是，在甲午战争后，光绪帝对洋务运动的开矿、制造、学堂等事宜，还是持继续支持的态度。③

一、甲午战争对科技传播的影响

正是这样的形势下，人们的目光开始转向日本，“明治维新”的成功，也让洋务派的学习方向由西洋转向东洋。所以，甲午战争后，人们从学习西方科技，改为学习日本科技，可以说，这样的决定有几个好处：一是路费少，同样的费用能多派遣留学人员；二是距离近，容易到达，节省时间；三是日语源出中文，好理解；四是西方科技太过繁杂，日本在西化的过程中，已经进行筛选，我们学现成的就行，

---

① 东京大学官网，东大农学部历史 http：//www.a.u - tokyo.ac.jp/history/statistics.html#carriculum-m25 明治12年（1879年），兽医科授课表格

② ［清］池仲祐.《甲午战事记》；“此际之北洋海军尽矣。守台之护军统领副将张文宣，亦同时殉难焉。其后李鸿章赴日议和事，非是编所纪，不具详。和约既成，而朝鲜终归于日本”

③ 《清史稿》卷二十二《德宗本纪二》光绪二十一年（1895年）“谕曰：‘近中外臣工条陈时务，如修铁路，铸钞币，造机器，开矿产，折南漕，减兵额，创邮政，练陆军，整海军，立学堂，大抵以筹饷练兵为急务，以恤商惠工为本源，皆应及时兴举。至整顿釐金，严覈关税，稽察荒田，汰除冗员，皆于国计民生多所裨补。直省疆吏应各就情势，筹酌办法以闻。’”

这样省事。[①] 如果想赶超日本，可以在学习日本后，再学欧美。因此，在清末民初，中国教育的兴起和留学人员的分布都受到直接影响。教育的学科、学制、课程等都是先期仿照日本，后期学习欧美，留学委派也是如此。持这样观点的人，其代表人物就是张之洞，他的《劝学篇》还先后被翻译成英文和法文出版，获得高度评价。他还分析了洋务运动中留学事宜的得失。[②] 在《劝学篇》中，张之洞建议广增学堂，拓展教育幅度，多培养科技人才，在《外农工商学第九》还提到了《农学报》[③]，从侧面反映了当时《农学报》的影响力不容小觑。甲午海战后，《清史稿》中关于兴建学堂的记载增多，说明统治者已经认识到发展教育的重要性。[④] 在光绪二十八年（1902 年），

---

① ［清］张之洞．《劝学篇》《外游学第二》："上为俄，中为日本，下为暹罗，中国独不能比其中者乎？至游学之国，西洋不如东洋：一、路近省费，可多遣；一、去华近，易考察；一、东文近于中文，易通晓；一、西学甚繁，凡西学不切要者东人已删节而酌改之，中、东情势风俗相近，易仿行，事半功倍，无过于此。若自欲求精、求备，再赴西洋有何不可？"

② ［清］张之洞．《劝学篇》《外游学第二》："或谓昔尝遣幼童赴美学习矣，何以无效？曰：失之幼也。又尝遣学生赴英、法、德学水陆师各艺矣，何以人才不多？曰：失之使臣监督不措意，又无出身明文也。又尝派京员游历矣，何以材不材相兼？曰：失之不选也。虽然，以予所知此中固亦有足备时用者矣，若因噎废食之谈、豚蹄篝车之望，此乃祸人家国之邪说，勿听可也。"

③ ［清］张之洞．《劝学篇・外农工商学第九》"上海《农学报》多采西书，甚有新理新法，讲农政者宜阅之"

④ 《清史稿》卷二十二《德宗本纪二》光绪二十四年（1898 年）"乙巳，诏定国是，谕：'中外大小诸臣，自王公至于士庶，各宜发愤为雄。以圣贤义理之学植其根本，兼博采西学之切时势者，实力讲求，以成通达济变之才。京师大学堂为行省倡，尤应首先举办。军机大臣、王大臣妥速会议以闻'。""丁卯，诏立京师大学堂，命孙家鼐管理。赏举人梁启超六品衔，办理译书局。戊辰，诏兴农学。谕曰：'振兴庶务，首在鼓励人材。各省士民著有新书，及创新法，成新器，堪资实用者，宜悬赏以劝。或试之实职，或锡之章服。所制器给券，限年专利售卖。其有独力创建学堂，开辟地利，兴造枪砲厂者，并照军功例赏励之'。"光绪二十七年（1901 年）；"谕各省建武备学堂。癸巳，谕各省裁兵勇，改练常备、续备、警察等军。""乙未，诏直省立学堂"光绪二十八年（1902 年）"癸巳，谕各省亟立学堂暨武备学堂，开馆编纂新律。""秋七月庚午，颁行学堂章程。"光绪二十九年（1903 年）"丙戌，命张之洞会张百熙、荣庆釐定大学堂章程。""十一月丙午，谕曰：'兴学育才，当务之急。据张之洞同管学大臣会订学章所称，学堂、科举合为一途，俾士皆实学，学皆实用。著自丙午科始，乡、会中额，及各省学额，逐科递减。俟各省学堂办齐有效，科举学额分别停止，以后均归学堂考取。'丁未，改管学大臣为学务大臣，以孙家鼐任之。"光绪三十年（1904 年）"丁卯，立贵胄学堂。""切学堂工艺有关教养者，当官为劝导，绅民自筹，毋滋苛扰。除浙江堕民籍，准入学堂，毕业者予出身。"

还提到了兴建农业学堂的事宜。[①] 也进一步促进了农业的发展。

二、西兽医的发展

这一阶段，中国大部分地区的兽医并未受到影响。但有些地区如上海和天津的租界区、被德国占据的青岛、中东铁路沿线的哈尔滨、被英国长租的香港等一些地区，西兽医开始发挥一定的影响，因为他们沿袭原有国家的兽医标准和规条进行监管，主要是在检疫、食品检验和公共卫生方面。

1868 年，上海报道了国内第一例牛瘟，1873 年再次暴发，且证实与英国 1865—1872 年暴发的牛瘟相同，1898 年，工部局兽医报告表明结核病有可能是由牛只传染。[②] 1899 年，上海还颁布了牛奶棚的相关条例。1898 年，烟台大面积暴发牛瘟，德国在海运港口青岛建造血清制造厂，生产牛瘟血清。[③] 修建中东铁路后，俄国通过铁路运输畜禽，1897 年开始有俄方兽医进行检疫，1903 年，中东铁路管理局成立，下设 8 个兽医段，一个防疫所，并在哈尔滨设置兽医院，进行牲畜诊治，[④] 这是我国铁路检疫的开端。1896 年 3 月 12 日《香港日报》报道香港暴发牛瘟，50 头发病、150 头疑似，当时制定的措施是增加兽医，加强动物检疫。[⑤] 这些也都是在其他国家控制的地区上，西兽医开始发挥其科技优势的例子。尤其在疫病方面，为防控动物和人的疫病，做出了一些贡献。同时，由于部分租界区执行其他国家的法律，严格管理公共卫生和安全，也促使了一些在租界中生活的中国人，受到西方科学和法制的影响。促进了人们对卫生知识的了解和对西方医学的接受。尤其是因为服务于城市的奶牛业的产生，增加了对兽医的需求。早期租界区的兽医都是由外国人担任。

---

① 《清史稿》卷二十二《德宗本纪二》光绪二十八年（1901）“谕各省立农工学堂”

② 上海档案馆，U1-1-911，Milk Supply，Annual Report of the Shanghai Municipal Council 1898［A］

③ 农业部畜牧兽医局．中国消灭牛瘟的经历与成就［M］．北京：中国农业科学技术出版社，2003

④ 中国畜牧兽医学会．中国近代畜牧兽医史料集［M］．北京：农业出版社，1992：183

⑤ 香港历史档案馆，RF000139，牛奶之路

但是在其他地区，发挥主要作用的仍然是中兽医。官方兽医在1904年陆军改革以后才开始变革。两次鸦片战争、太平天国运动、义和团运动、八国联军侵华，使中国长期陷入战火之中，尤其在江南富庶地区和沿海口岸，人们受到西方列强的压迫与剥削，一定程度上抑制了中国经济的发展，在农业和畜牧业方面都有很大影响。所以民间兽医的工作也没有发生太大的变化，由于口岸开放，很多品种被引入中国。但由于检疫水平的限制，也引起了大量的兽疫暴发。解决兽疫的需求增加，从历史上来看，宋代有隔离防疫方式，明代吴又可所著的《瘟疫论》已经开始知道兽疫有易感动物的区分①，但是对于大部分兽疫还是束手无策，只有极少的非烈性兽疫有治疗方剂。总体来看，中兽医和西兽医之间还没有正式会面，彼此在各自范围内行使各自的职责。

《农学报》在当时是很有影响力的报纸，前后发刊350多期，开始为半月刊，后来改为旬刊。刊载各个方面的农业技术，主要以翻译日本农业资讯为主，主编罗振玉还曾编撰《日本农政维新记》，推广日本农业技术发展。从兽医书籍来看，有记载的就是罗振玉主编的《农学报》上刊载的一篇文章《泰西农具及兽医治疗器械图说》②，主要介绍了西方的兽医器械，还在他编辑的《农学丛书》中出版。③这本书是日本作者编译的，是学习日本的肇始，为西兽医的发展奠定了基础。

第二节　兽医教育体系的发展

在甲午海战之后，清政府向外国学习的热度并没有减弱，对于洋务运动有了更多的反思，所以在学习的方向上有了调整。张之洞还专门发表了劝学文章，广受赞誉。其中表达了先学日本、再学欧美的理念。在此基础上，光绪帝主张教育体系的革新。因此，1902年清代

① ［明］吴又可．瘟疫论；“牛病而羊不病，鸡病而鸭不病，人病而禽兽不病”

② 日本驹场农校．泰西农具及兽医治疗器械图说［J］．农学报，1898年36期

③ ［日］日本驹场农校，藤田封八译．泰西农具及兽医治疗器械图说［M］．江南总农会，清光绪年间

开启了现代教育时代，即所谓的“壬寅学制”。① 而且派张百熙去考察学习学校分级、分类等建校事宜。② 随后，仿照日本的学校学制、课程、分科等进行教育体系的拟定。而且，对各级官员的工作内容做了规定。③

但是这个规程并未延续多久就停止实行了，究其原因在于西式教育的就业不明确，学生们按照西式教育学习，但还是需要考科举、走仕途，各地办学并不积极，所以也就不能施行，于是在此基础上又进行了调整。即所谓的“癸卯学制”。④ 直到真正废除了科举制度，西

① 《清史稿》卷一百七《志》八十二；“（光绪）二十八年（1902 年）正月，百熙奏筹办大学堂情形预定办法一条，言：‘各国学制，幼童于蒙学卒业后入小学，三年卒业升中学，又三年升高等学，又三年升大学。以中国准之，小学即县学堂，中学即府学堂，高等学即省学堂。目前无应入大学肄业之学生，通融办法，惟有暂时不设专门，先设立一高等学为大学预备科。分政、艺二科，以经史、政治、法律、通商、理财等事隶政科，以声、光、电、化、农、工、医、算等事隶艺科。查京外学堂，办有成效者，以湖北自强学堂、上海南洋公学为最。此外如京师同文馆，上海广方言馆，广东时敏、浙江求是等学堂，开办皆在数年以上，不乏合格之才。更由各省督、抚、学政考取府、州、县高材生，咨送来京，覆试如格，入堂肄业。三年卒业，及格者升大学正科。不及格者，分别留学、撤退。大学预科与各省省学堂卒业生程度相同，由管学大臣考验合格，请旨赏给举人。正科卒业，考验合格，请旨赏给进士。惟国家需材孔亟，欲收急效而少弃才，则有速成教员一法。于预备科外设速成科，分二门：曰仕学馆，曰师范馆……’从之。”

② 《清史稿》卷一百七《志》八十二；“先是百熙招致海内名流，任大学堂各职。吴汝纶为总教习，赴日本参观学校。适留日学生迭起风潮，诼谣繁兴，党争日甚。（光绪）二十九年（1903 年）正月，命荣庆会同百熙管理大学堂事宜。二人学术思想，既各不同，用人行政，意见尤多歧异。时鄂督张之洞入觐。之洞负海内重望，于川、晋、粤、鄂，曾创设书院及学堂。著《劝学篇》，传诵一时；尤抱整饬学务之素志。”“闰五月，荣庆约同百熙奏请添派之洞会商学务，诏饬之洞会同管学大臣釐定一切学堂章程，期推行无弊。”

③ 《清史稿》一百十九《志》九十四；“大臣掌劝学育材，稽颁各学校政令，以迪民智。副大臣贰之。总务掌机要文移，审覆图书典藉。专门掌大学及高等学校，政艺专业，咸综领之。普通掌师范、中、小学校，各以其法定规稽督课业。实业掌农工商学校，并审覆各省实业，为民兴利。会计掌支计出入，典领器物，及教育恩给。其兼辖者，八旗学务处总理，协理，督学，调查图书各局长，局员，编订名词馆总纂，图书馆正副监督以次各员，俱择人任使，不设专官。”

④ 《清史稿》卷一百七《志》八十二；“颁布未及二年，旋又废止”“奉旨兴办学堂，两年有余。至今各省未能多设者，经费难筹也。经费所以不能捐集者，科举未停，天下士林谓朝廷之意并未专重学堂也。科举不变通裁减，人情不免观望，绅富孰肯筹捐？经费断不能筹，学堂断不能多。入学堂者，恃有科举一途为退步，不肯专心乡学，且不肯恪守学规。况科举文字多剽窃，学堂功课务实修；科举止凭一日之短长，学堂必尽累年之研究；科举但取词章，学堂并重行检。”1904 年 1 月颁布

式教育体系才逐渐开展起来。① 学校分类、分级具体参见附录。并且对于学生的节假日、奖惩、考评等也做了规定。② 新式教育体系的建立，为培养更多的人才拓宽了道路，提升了速度和效率。尤其为培养专业技术人才奠定了基础。

1912 年中华民国成立后，针对当时的教育情况，蔡元培主持制定了《教育宗旨》《学校系统》《中学校令》《大学令》等一系列新的章程，1913 年逐渐形成了新的学制"壬子癸丑学制"，开始仿效欧美国家。到了 1922 年，颁布了《学校系统改革案》，全面学习美国。正是由于这样的变化，中国教育体系也随之发生巨变。

一、中国近代兽医学校（科系）的建立与发展

清代末期，由于欧美各国和日本对华虎视眈眈，政府在大力兴办水师后，也开始关注陆军的建设，马匹是陆军发展的基础，而兽医在其中的作用巨大。于 1904 年创建的北洋马医学堂，是中国第一所兽医学校。

北洋马医学堂的创建源于战争的需求，主要服务于军队，在很多方面的设置上与癸卯学制规定不同，有独立的教育理念和体系。是编制独立的军事院校。最初创建时，由于教育理念的转变，主要学习日本，聘请日本教习，学生学习日语和日方教材。③ 分为两种学制，一为速成班，一为正科班，速成班两年毕业，毕业后一般派赴军队任职。正科班四年毕业，毕业后择优赴日留学继续深造，另有部分学生赴日见习，回国后在学校中担任助教并翻译教材，逐渐减少日籍教习

① 《清史稿》卷一百七《志》八十二："遂诏自丙午科始，停止各省乡、会试及岁、科试。寻谕各省学政专司考校学堂事务。于是沿袭千余年之科举制度，根本划除。嗣后学校日渐推广，学术思想因之变迁，此其大关键也。" 1905 年，历经一千多年的科举制度废除

② 《清史稿》卷一百七《志》八十二："学堂考试分五种：曰临时考试，曰学期考试，曰年终考试，曰毕业考试，曰升学考试。临时试无定期，学期、年终、毕业考试分数与平日分数平均计算。年考及格者升一级，不及格者留原级补习，下届再试，仍不及格者退学。评定分数，以百分为满格，八十分以上为最优等，六十分以上为优等，四十分以上为中等，二十分以上为下等，谓之及格，二十分以下为最下等，应出学。"

③ 教务处．本校简史 [J]．兽医畜牧杂志，1947，5（3-4）：1-4．"招收兽医正科及速成班各一般，本校因系创举，教官人才无从罗致，遂征聘日本兽医学士野口次郎三为总教督，伊藤郎三中田醇浅见正吉等为教习，并陆续增建各项实习设备，至此学校规模为之粗具，是为本校创办时之情形。"

的数量。① 课程方面，主要参照东京大学兽医科。北洋马医学堂为中国培养了大批的兽医人才，在中国的多次战争中发挥了重要作用，为中国兽医学发展做出了多方面的贡献。

与北洋马医学堂迅速创建招生相比较，1903 年癸卯学制《奏定学堂章程》对大学、省高等、实业学堂、师范等虽然已经有了明确的计划，但是全面开展相对迟缓。这个章程以日本学制为模板，兽医学为独立一科，其中包含部分畜牧内容，是很显著的时代特点，与 20 世纪 30 年代仿照欧美学制的畜牧兽医学系差别较大。随着中华民国的成立，教育体系的转变，兽医教育也发生了变化。而且由于军阀混战和抗日战争的爆发，也对兽医教育有一定的冲击。从时间的顺序来看，开办兽医科的学校逐渐增多，具体变化如表 2-1。

《中国现代兽医改进之理论与实际》对民国时期兽医教育有比较透彻的分析。①高等教育：四年制的大学，畜牧兽医一起学习，不利于两学科的发展，也不利于保障畜牧业发展，所以应当参照国外，将畜牧兽医分开，选定方向，注重实际操作和实验能力。②中等教育：学校数量少，培养出来的人才更少，不被重视，但实际上，这类人才要受到高级兽医指导，协助兽疫防控及其他兽医工作，还要指导农民进行家畜保健与治疗，需要人数多，需要大力推进，在创建的数量上，当时还达不到每省一校，在牧区“外蒙、东北、察绥、甘宁、新疆、川康、云贵等省，除农业学校必须增设兽医科或畜牧兽医科外，尚需按牧区的情况，至少添办一所以上的兽医学校或畜牧兽医学校。至于农村区域，内地各省，凡农业学校，必须增设兽医科或畜牧兽医科。”② 虽然各地的防疫机关开设训练班培养防疫人员，但是在数量上供不应求，需要兽医缺口巨大。在农民培训方面，以实用为主，不用进行理论讲解。③初级教育：在小学就要开展防疫教育，利用假期开展防疫训练，并在乡村进行防疫知识培训，设定通讯员，协

---

① 教务处．本校简史［J］．兽医畜牧杂志，1947，5（3-4）：1-4．“民前六年速成班学生毕业派赴部队服务”“民前四年一月派正科第一期毕业生朱建璋等六名赴日留学，并派黄歧春等十名赴日见习马政，归国后分别派任本校助教任课。并译述各科讲义，此时日籍教习逐渐减少，课程方面多半由本校毕业者担任”

② 王履如．中国现代兽医改进之理论与实际［J］．中央畜牧兽医汇报，1942：1（1）：8-14

表 2-1　近代开设兽医科学校一览表

序号	学校名称	创系时间（年）	所在地区	建制	科系	历史沿革
1	北洋马医学堂	1904	保定	国立军校	兽医	1907 年改为陆军马医学堂，1912 年改为陆军兽医学校，课程照旧。1919 年迁往北京，1936 年迁往南京，后经武汉迁往益阳，1938 年迁往安顺，1945 年迁往上海，1948 年迁回北京。1933 年成立西郊兽医院，1942 年成立西北分院（兰州），朱建璋任主任
2	京师大学堂农科	1914	北京	国立	兽医	1914 年改名为北京农业专科学校，开始设畜牧科，其中有兽医课程，1923 年改名为国立北平农科大学，再至 1928 年改为北平大学农学院
3	东南大学	1923	南京	国立	畜牧兽医	1927 年改为第四中山大学，1928 年改为江苏大学，1928 年改为国立中央大学，1936 年增设 2 年专修班，1937 年迁往重庆，1946 年迁回南京，1947 年分为畜牧、兽医两系
4	国立中山大学	1938	云南澄江	国立	畜牧兽医	1940 年迁回粤北坪，1945 年迁回广州
5	国立西北农学院	1938	武功	国立	畜牧兽医	1941 年分为畜牧、兽医两系
6	西康技艺专科学校	1939	西昌	国立	畜牧兽医科	
7	国立兽医学院	1946	兰州	国立	兽医	
8	山西农业专科学校	1915	太原	省立	兽医	1921 年改兽医科为畜牧科
9	甲种农业学校	1917	兰州	省立	兽医	1944 年改名为甘肃省立兰州高级农业职业学校
10	浙江省立甲种农业学校	1918	笕桥	省立	兽医	只招一期，毕业停办
11	江苏省立第三农校	1921	淮阴	省立	畜牧兽医	
12	南通学院	1930	南通	省立	畜牧兽医	

（续表）

序号	学校名称	创系时间（年）	所在地区	建制	科系	历史沿革
13	河南农学院	1930	开封	省立	畜牧兽医	1938 年并入西北农学院
14	甘肃学院	1932	兰州	省立	畜牧兽医科	
15	临洮县初级农业职业学校	1935	临洮	省立	兽医	1944 年改名为甘肃省立临洮高级农业职业学校
16	江西省立兽医专科学校	1938	南昌	省立	兽医	1944 年迁往吉水，1945 年迁回南昌
17	广西农学院	1938	柳州沙塘	省立	畜牧兽医	1944 年迁往贵州榕江，1945 年迁回柳州
18	西北技艺专科学校	1939	兰州	省立	兽医	1945 年改名为西北农业专科学校
19	荣昌畜牧兽医学校	1939	荣昌	省立	畜牧兽医科	1941 年改为四川省立农业职业学校
20	四川农学院	1939		省立	畜牧兽医组	1948 年成立畜牧学系，陈之长主持业务
21	英士大学	1939	丽水	省立	畜牧兽医	1941 年迁往松阳，1943 年改为国立，1945 年迁往温州，1946 年迁回金华
22	福建省立农学院	1940		省立	畜牧兽医	
23	江西中正大学	1940	南昌	省立	畜牧兽医	
24	铭贤农工专科学校①	1940	金堂	省立	畜牧	1907 年创建于山西太谷
25	北方大学农学院	1947	长治	省立	畜牧兽医	1948 年改组为华北大学农学院，1949 年改组为北京农业大学，1948 年开展中兽医教育
26	黑龙江省畜牧兽医学校	1948	双城	省立	兽医	
27	岭南大学	1927	广州	私立	畜牧系	1938 年短迁往香港，1940 返回粤北坪。1943 年后多次迁校，1945 年迁回广州原地址，1949 年成立畜牧兽医系

（续表）

序号	学校名称	创系时间（年）	所在地区	建制	科系	历史沿革
28	上海兽医专科学校	1931	上海	上海市商品检验局，上海市卫生局	兽医	1934 年停办
29	新疆学院	1941			兽医组	
30	西北农林专科学校	1934	武功			
31	东北农学院	1948	哈尔滨	东北行政委员会	畜牧兽医	
32	奉天兽医养成所②	1933	沈阳	伪满时期	兽医	
33	奉天农业大学	1936	沈阳	伪满时期	兽医	
34	哈尔滨农业大学	1940	哈尔滨	伪满时期	兽医	
35	新京畜产兽医大学	1940	长春	伪满时期	兽医	

注：列表根据资料整理形成，主要参考蔡无忌，何正礼．中国现代畜牧兽医史料集［M］．北京：科技出版社，1956；中国畜牧兽医学会．中国近代畜牧兽医史料集［M］．北京：农业出版社，1992，个别参考期刊和档案资料③

① 私立铭贤农工专科学校概况［J］．中央畜牧兽医汇报，1942，1（3-4）

② 刘恩泗，谢成侠．东北伪满时代马政概要［J］．兽医畜牧杂志，1946，5（1）：1-16

③ 教育部中国教育年鉴编审委员会编．第一次中国教育年鉴原稿［M］．出版地不详：教育部中国教育年鉴编审委员会，1931：42，43，45，65-72，92，102，103．“上海兽医专科学校，大学及独立学院之编制”；安汉．对于西北农林专科学校设施之意见［J］．西北开发，1934，1（2）：55-56；甘肃省档案局，32-1-323（1932. 12. 13-1936. 9. 24）教育部，甘肃省政府，甘肃学院等关于筹建畜牧兽医科，图书馆，论文题目规程等的训令，公函，呈，甘肃省政府指令教字第 668 号［A］，甘肃学院畜牧兽医科开办预算书“中英庚子赔款董事会，每年提拔息金四万元资，增设助产、兽医两科”

助防疫，定期请兽医专家进行短期训练。并且提到要对民间兽医进行防疫知识培训，增强他们在乡村防疫中的作用。

从表 2-1 可以看出，从 1903 年新学制颁布开始，虽然是仿效日本的学制，设有各级农业学堂（附录），包含了兽医学科，也明确了所学课程，但是除了北洋马医学堂之外，都是在 1910 年以后，才真正开始招生。从建校（系）的时间来看，1930 年以前，只有 8 所开设了兽医相关学科，到 1940 年又增加了 18 所学校开设畜牧兽医专业，到中华人民共和国成立前，又增加了 9 所学校开设畜牧兽医专业，可以看出 20 世纪 30 年代是兽医学科迅速发展的时期，一方面是随着现代兽医学的发展，留学归国兽医专家的增多，兽医人才也大量增长，为创建兽医高等学校奠定了师资力量；另一方面，由于国内战争、疫病等政治和社会因素，对于兽医人才的需求也增加，尤其是兽医管理机构的建立，需要大量的专业兽医人才，促使学校在 30 年代增加迅速。

从学校的建制来看，国立学校 7 所，省立学校 19 所，另有私立及其他院校 11 所，说明在兽医学教育方面，需要依靠各地方政府支持，也说明了这些省区对兽医发展的需求，西北办学较多，华东、华南、华中、华北相差不多（图 2-1，图 2-2）。从分布地区来看，西北地区是我国畜牧业的主要阵地，建立学校 8 所，与畜牧业发展需求吻合；东北地区伪满时期是日本进口畜牧产品的主要地区，所以建立学校 5 所，为了满足日本的掠夺需求，东北是中日战争时期日本的物资后援地，所以日本极为重视东北地区的畜产发展，并且通过南满铁路株式会社进行物资的掠夺①。

从学校规划目标来看，除了北洋马医学堂即后来的陆军兽医学校，是为官方培养军用兽医外，其他均是针对执业兽医和兽医研究型人才的培养。所以，在课程设置方面也有所区别。陆军兽医学校在 20 世纪 20 年代以前，课程主要参考日本东京大学兽医课程设置，以临床实用为主，对象主要是马，在 30 年代以后，课程则向英美系转型，关注理论研究和防疫研究。也将研究对象逐渐扩展到多种动物。

---

① 刘恩泗，谢成侠．东北伪满时代马政概要［J］．兽医畜牧杂志，1946，5（1）：1-16

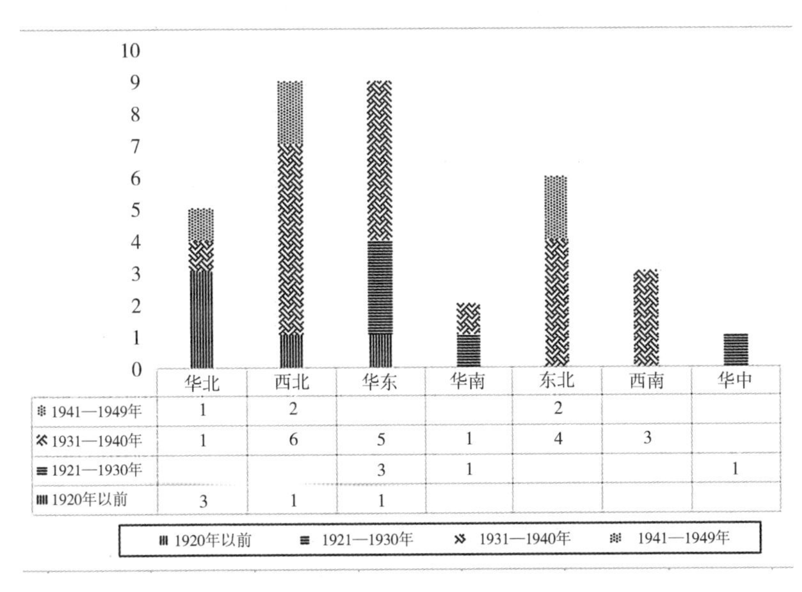

	华北	西北	华东	华南	东北	西南	华中
1941—1949年	1	2			2		
1931—1940年	1	6	5	1	4	3	
1921—1930年			3	1			1
1920年以前	3	1	1				

图 2-1　不同时期全国畜牧兽医院校的创办情况

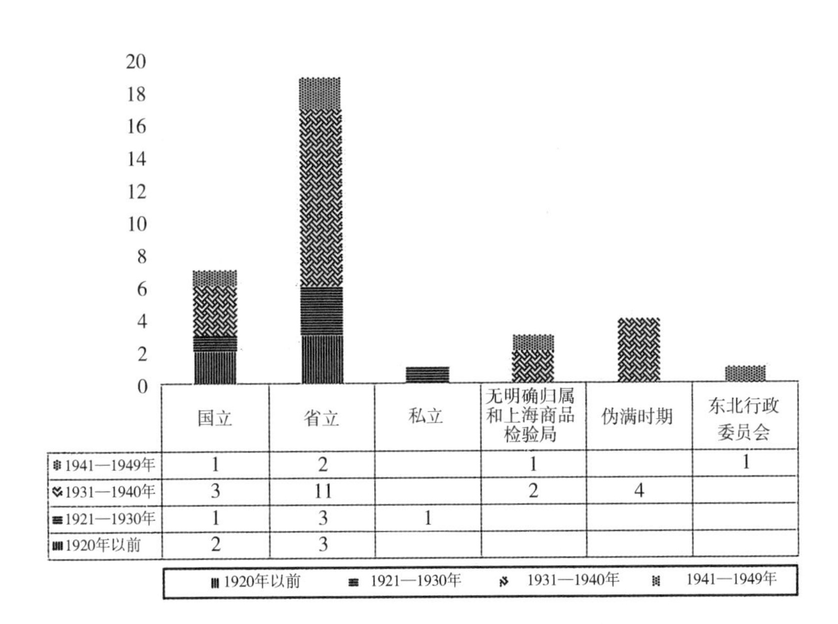

	国立	省立	私立	无明确归属和上海商品检验局	伪满时期	东北行政委员会
1941—1949年	1	2		1		1
1931—1940年	3	11		2	4	
1921—1930年	1	3	1			
1920年以前	2	3				

图 2-2　不同时期全国畜牧兽医院校的归属情况

而其他学校，因为普遍建校时间较晚，一般集中于20世纪30年代，所以课程方面也主要参考英美系，建系也由兽医转为畜牧兽医（图2-3）。而这一时期中国兽疫多次大规模暴发。同时，我国开始自主研发并生产生物制品，所以一般学校比较关注动物疫病的研究，并取得了很多成果。也正是这些学校为中国培养了现代兽医人才，为中国畜牧兽医事业发展奠定了基础。

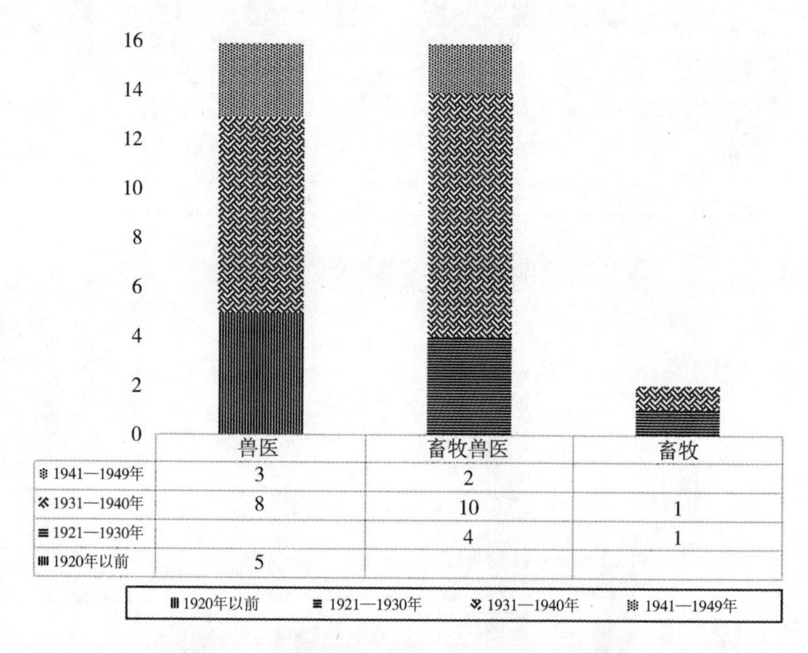

	兽医	畜牧兽医	畜牧
1941—1949年	3	2	
1931—1940年	8	10	1
1921—1930年		4	1
1920年以前	5		

图2-3　不同时期畜牧兽医学校的建系情况

从当时的学生就业情况来看，一般都是到官方管理机构或学校任职。以1942年国立西北农学院畜牧兽医系的学生就业来看，主要有军政部陆军第一兽医院、贵州农业改进所、中正大学畜牧兽医系、国立西康技艺专科学校（助教）、陕西省农业改进所等。① 说明当时畜

① 陕西省档案局，84-3-38，畜牧兽医系毕业学生就业问题［A］（1942.6）：2，7，10，15，27，42

牧兽医专业学生就业比较容易，而且还有很多到各地防疫机构工作。一般会进行考核并颁布证书，从学历背景到工作经验，都记录完整。说明当时兽医管理机构已比较成形，管理完善。

二、兽医现代教育体系的分科、课程设置与学制

在教育的发展过程中，分科和课程设置是关键的一环，课程选择和设置是否符合当时社会的需求，所学的知识和技术是否实用，都对学科的发展起到一定的作用。从近代兽医科教育课程、时间等方面的转变，我们可以从侧面了解其发展的过程。

1902 年“壬寅学制”时，兽医学习科目有：生理、药物及调剂法、蹄铁法及蹄病治法、内外科、寄生动物、畜产、卫生、兽疫、产科、部检法、实习。① 1913 年“壬子癸丑学制”兽医学习科目有：解剖学及组织学、生理及病理学、药物及调剂法、蹄铁法及蹄病治法、内科学、外科学、寄生动物学、外科手术、产科及眼科学、兽医警察、卫生学、兽疫学、马学、畜产学、畜产法规、牧草论、农学大意。② 可以看出，兽医学习科目增加了畜产方面的课程，内科、外科分开，即细化了分科，并且增加了解剖学和组织学，说明这一时期组织学有较大发展。

20 世纪初，兽医科仿照日本农业学校设置课程与学制（日本仿效的是德国分科），随着学制的变化及兽医学发展的需要，20 世纪 20 年代开始在兽医学科设置上与畜牧学融合，一般设置为畜牧兽医科（更趋向于美式分科），但是在 30 年代，人们逐渐认识到这样设置不利于专门人才的培养，所以畜牧、兽医分开设置，课程更具有针对性，在课程方面也发生了变化，同样，授课内容也进行了改进，从教材的内容变化可以看出。以一些学校的课程为例，具体的转变可参见表 2-2，图 2-4。

---

① 中国现代教育史［M］. 良友图书印刷公司，1934 年影印版：299

② 中国现代教育史［M］. 良友图书印刷公司，1934 年影印版：301

表 2-2 近代兽医科系、学制、课程及内容一览表

序号	学校名称	创系时间（年）	科系	课程
1	北洋马医学堂	1904	兽医	解剖学、生理学、组织学、畜产学、病理通论、外科手术学、蹄铁法、解剖学实习、组织学实习、蹄铁法实习、药物学、外科学、内科学、病体解剖学、寄生动物学、皮肤病论、蹄铁论、调剂法实习、外科手术实习、兽医院实习及内外科诊疗法、动物疫病、产科学、眼科学、卫生学、胎生学、兽医警察法、法医学、乳汁检查法及实验、病体解剖学实习、病体组织学及微生物实验、牧场诊疗实习①，学制有4年和2年两种
2	陆军兽医学院	1930	兽医	国文、东文、英文、物理、化学、植物、动物、解剖、生理、外科手术、组织学、相马学、药物学、调剂学、蹄铁及蹄病学、外科学、产科学、内科学、病理解剖学、细菌学、病理学、诊断学、畜产学、眼科学、卫生学、寄生动物学、农学大意、兽医警察学、马政学、木马学、动物疫论、军制与勤务、物理实习、化学实习、植物试验、动物试验、解剖实习、药物调剂实习、外科手术实习、组织实习、蹄铁实习、细菌实习、病理解剖实习、诊疗实习、乳肉检查实习、农场视察、体操及马术等②，学制有4年和2年两种
3	北京农业专科学校	1914	畜牧科	内科学、外科学、产科学、传染病学、寄生虫学、外文、物理、化学、解剖学、生理学、动物生物化学、微生物学、药理学、病理生理学、病理解剖学等，学制有5年和2年两种
4	甲种农业学校	1917	兽医	解剖及组织学、生理及病理学、药物及调剂法、蹄铁法及蹄病论、内科学、外科学、寄生动物学、外科手术、产科及眼科学、兽医、警察法、卫生学、兽疫学、马学、畜产学、畜产法规、牧草论、农学大意
5	东南大学	1923	畜牧兽医	学制有4年和2年两种，还曾培养研究生4人

① 东京大学官方网站；东大农学部历史 http：//www. a. u－tokyo. ac. jp/history/statistics. html#carriculum-m25

② 朱经农，唐钺，高觉敷．教育大辞典［M］．上海：商务印书馆，1930

（续表）

序号	学校名称	创系时间（年）	科系	课程
6	上海兽医专科学校	1931	兽医	生理学、诊断学、家畜解剖学、肉品检验、病原微生物学、免疫学、家畜传染病学、临床诊断学、内科学、禽病学、家畜寄生虫学、组织学、病理组织学、药理学、乳品检验、牛羊皮检验、畜牧学、日语、英语、服务道德、乡村教育,①学制先是1.5年，后改为2.5年
7	广西农学院	1938	畜牧兽医	国文、英文、化学、植物学、动物学、经济学、农场实习、体育、家畜解剖学、家畜生理学、遗传学、家畜饲养学、家畜鉴别、细菌学、家畜各论、药物学、诊断学、传染病学、免疫学、病理学、家禽学、家畜育种学、寄生虫学，还可以选修德文、有机化学、动物组织学、外科学、外科手术、内科学、生理化学、生物统计、产科学、禽病学，学制4年
8	英士大学	1939	畜牧兽医	国文、英文、物理、化学、动植物、农业概论、解剖、生理、遗传、生物统计、饲养、育种、卫生、家畜各论、畜产加工、细菌、免疫、内外科、诊断、传染病、寄生虫、药理、畜产检验，学制4年
9	江西中正大学	1940	畜牧兽医	动物学、植物学、农学概论、化学、英语、国文、家畜解剖学、家畜组织学、家畜生理学、兽医细菌学、免疫学、家畜病理学、家畜寄生虫学、家畜内科学、家畜外科学、家畜传染病学、家畜卫生学、家畜育种学、家畜鉴别学、饲养与饲料、遗传学、乳牛学、养猪学、家禽学、畜牧兽医行政等，学制4年
10	国立兽医学院	1946	兽医	三民主义、国文、英文、生物学、普通化学、普通物理、解剖学（上）、英文、解剖学（下）、生物化学、遗传学、生理学、组织学、胚胎学、细菌免疫学、畜牧学（育种）、诊断学、病理学、药理学、传染病学、寄生虫学、内科学、外科学、调剂学、诊疗实习、畜牧学（鉴别）、外科手术学、蹄学、肉品检查学、产科学、卫生学、乳学、生物药品学、治疗学、诊疗实习、畜牧学（饲养管理）、毕业论文

① 教育部中国教育年鉴编审委员会编．第一次中国教育年鉴原稿［M］．出版地不详：教育部中国教育年鉴编审委员会，1931：42，43，45，65-72，92，102，103．“上海兽医专科学校，大学及独立学院之编制”

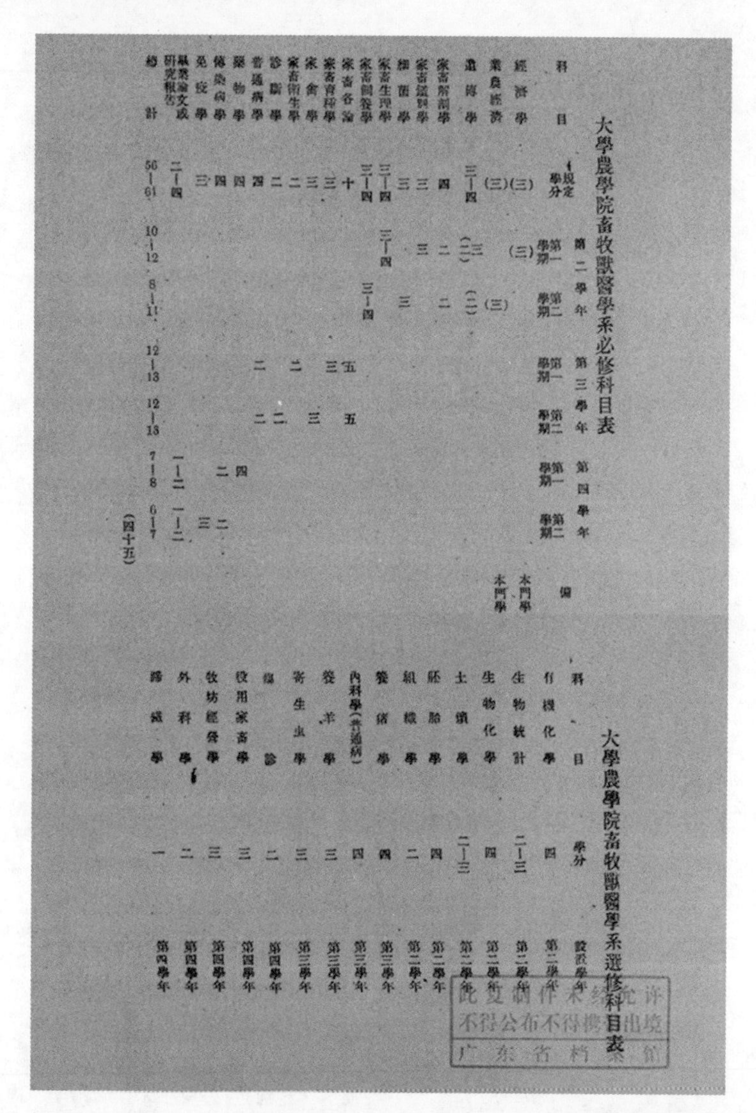

大學農學院畜牧獸醫學系必修科目表

科目	規定學分	第二學年第一學期	第二學年第二學期	第三學年第一學期	第三學年第二學期	第四學年第一學期	第四學年第二學期	備
經濟學	(三)	(三)						
農業經濟	(三)		(三)					
遺傳學	三—四	(二)三	(二)					
家畜解剖學	四	二	二					
家畜組織學	三	三						
細菌學	三		三					
家畜生理學	三—四	三—四						
家畜飼養學	三—四		三—四					
家畜各論	十			五	五			
家畜育種學	三			三				
家禽學	三				三			
家畜衛生學	二			二				
診斷學	二				二			
普通病學	四			二	二			
藥物學	四					四		
傳染病學	四					二	二	
免疫學	三						三	
畢業論文或研究報告	二—四					一—二	一—二	
總計	56—61	10—12	8—11	12—13	12—13	7—8	6—7	

本門學、本門學

(四十五)

大學農學院畜牧獸醫學系選修科目表

科目	學分	設置學年
有機化學	四	第二學年
生物統計	二—三	第二學年
生物化學	四	第二學年
土壤學	二—三	第二學年
胚胎學	四	第二學年
組織學	二	第二學年
養豬學	四	第三學年
內科學(普通病)	四	第三學年
養羊學	三	第三學年
寄生虫學	三	第三學年
臨診	二	第四學年
役用家畜學	三	第四學年
牧場經營學	三	第四學年
外科學	二	第四學年
蹄鐵學	一	第四學年

图 2-4　私立岭南大学农学院畜牧兽医学系必修科目和选修科目表[①]

从学制来看，一般都有4年制本科班，北京农业专科学校为5年

① 广东省档案馆，038-001-75-046，私立岭南大学农学院畜牧兽医学系必修科目表［A］；广东省档案馆，038-001-75-047~048，私立岭南大学农学院畜牧兽医学系必修科目表［A］

制本科，陆军兽医学院和东南大学设有 2 年制速成班，而上海兽医专科学校因为是培养检验检疫人才的，所以学制为 1.5 年（2.5 年），主要是为上海市商品检验局培养速成人才。在学制设置上与目前的兽医教育比较相似，分层次培养兽医人才。

从北洋马医学堂到陆军兽医学院，课程的变化主要是增加了单独的细菌学，这是需要借助仪器进行学习的课程，在基础学科的学习上，增加了物理、化学等课程，帮助进行观察和试验，其他方面变化不大。其他学校的课程设置趋势与陆军兽医学院的课程变化一致。在 1930 年以前，没有单独的病原学；在 1930 年以后，一般都增加了这门课程，这主要与兽医学科的发展相关。由于显微镜的应用，在 20 世纪 30 年代，病原学迅速发展，形成了单独的学科。还有这段时间动物疫病的大规模暴发，因兽疫防控需求，对病原学的要求也有提升。个别学校还设有生物统计学、乳牛学、养猪学。在 1940 年以后，都开设了遗传学，可见在基础研究方面有了比较大的进展。与现在的兽医学教育相比，主要专业课程较为相似，已经形成了现代兽医学教育体系。

三、校长（主任）对兽医现代教育的影响

在一门学科成长之初，其发展方向与决策者本身的专业、理念、情怀、思想等方面息息相关，尤其是在整个教育体系和国家制度都发生大的变革之时，决策者对学科的作用，如同掌舵者决定着船的航线一样，影响着学科的发展。纵观近代兽医教育体系，学校校长（主任）对兽医学科的发展，有很深远的影响。尤其是在社会变革、战争频仍的时期，这些影响尤为深远。

中央大学畜牧兽医系主任罗清生教授早年毕业于清华学校，1919 年赴美留学，就读于美国堪萨斯州立大学兽医学院，一般资料介绍是获得兽医博士学位，但是在他编译的《家畜传染病学》扉页中，写的是“美国甘沙士大学兽医学士”，此处存疑。1923 年，罗教授回国，历任东南大学、中央大学教授。在兽医教学和家畜疫病防控方面，做出了很多贡献。本文选取罗教授为代表，主要是认同他在现代兽医发展中的多方面开拓精神。他专注于家畜传染病研究，在牛瘟、猪瘟、鸭瘟等方面的研究取得了很多的成果。同时，他也很关注成果

的传播与交流，1935年，创办了《畜牧兽医季刊》并担任主编，促进学术交流。与陈之长共同组建了中华畜牧兽医出版社，翻译出版了很多兽医教材与学术著作，推进了现代兽医体系向欧美系的转变。同时，关注兽医行业本身的交流，组织筹建中国兽医学会、中国畜牧兽医学会等，从多方面进行兽医的传播工作，在多方面推进了兽医学的发展和交流，将家畜传染病防控的相关知识，以多种方式传播。对20世纪30年代兽疫防控有不可替代的作用。

国立兽医学院的首任院长盛彤笙教授是我国著名的兽医学家和兽医教育家，1932年毕业于国立中央大学，1936年获柏林大学医学和兽医学博士学位。回国后历任江西兽医专科学校教授、西北农学院兽医系教授兼主任、中央大学畜牧兽医系教授。1946年筹办了国内首家兽医学院。① 盛彤笙院长在人才引进方面，招揽国内外一流畜牧兽医人才，对很多知名专家盛情邀请，比如兽医寄生虫学家许绶泰就受邀到国立兽医学院任教，历任教研组主任、副教务长、副校长等职务。盛院长也很关注人才的培养，积极申请经费保障教职工的生活和工作，并支持学生留学学习先进的兽医科技（图2-5）。在科研方面，申购先进设备，保障科研工作（图2-6）。编译多部学术著作，培养了大批高层次的畜牧兽医人才。为我国现代兽医学发展，奠定了坚实的基础。

在近代兽医发展中，有很多兽医学家起到了不可替代的作用。在社会变革和战争频仍的年代，兽医学家在人才培养、知识传播方面开拓思维，努力进取，从多方面保障兽医业发展，既关注科技进展，也关注知识推广和专业建设，为现代兽医体系的建立奠定了坚实的基础。从两位专家在兽医发展方面的作用来看，知识传播不局限于学校教育，而是通过更为广泛的媒介传播，对行业发展起到了促进作用。

---

① 甘肃省档案局，32-1-213，教育部，甘肃省政府，甘肃学院等关于筹建畜牧兽医科，图书馆，论文题目规程等的训令，公函，呈（1932.12.13-1936.9.24）甘肃省政府指令 教字第668号［A］“中英庚子赔款董事会，每年提拔息金四万元资，增设助产、兽医两科”；甘肃省档案局，57-1-44，中央信托局兰州分局关于省府会计主任辞职，另用继任，四联处秘书长，市长改派等事由的代电，函（1945.11-1948.08）国立兽医学院公函 1946年12月 人字第40250号（1947.5.3）［A］“盛彤笙为院长1946年12月积极筹备，现已正式成立，院址设兰州小西湖”

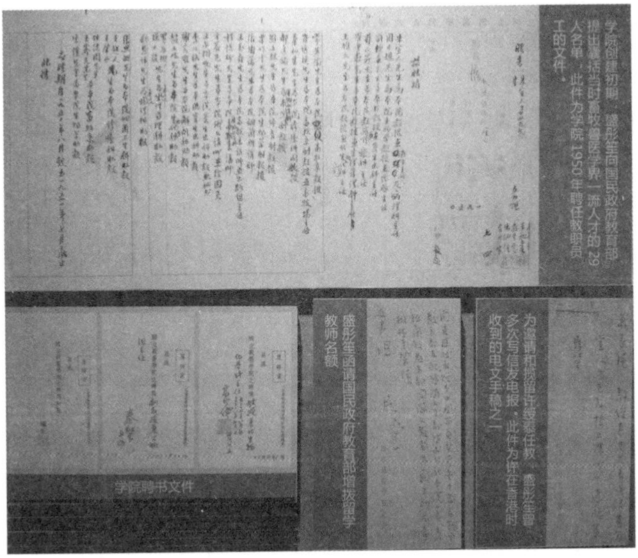

图 2-5　国立兽医学院相关档案资料（摄于甘肃农业大学认知馆）

護照

財政部 為
發給護照事茲有國立獸醫學院生物學顯微
鏡十八架由滬運至蘭州
起卸經教育部審核函轉到部合行填給
護照仰沿途關卡所遇照一經驗明
貨相符即予免稅放行如有夾帶影射等
情事仍照各該關局向章辦理須至護照
者
計開
附表一份
右照給國立獸醫學院收執
中華民國三十六年二月　日給
限六個月繳銷

图 2-6　采购显微镜的护照（摄于甘肃农业大学认知馆）

也加大了行业内的交流，提升科研水平，有利整合各种资源和信息。在人才培养方面，积极与政府协调，提升科研教育环境，保障人才的生存与发展，为中国兽医学的发展奠定了人才基础。同时，在社会动荡和战争纷扰的年代，很多兽医学家放弃国外优越的生活和科研环境，毅然回国，也是当时知识分子的爱国情怀与风骨的体现，保障了畜牧业和兽医业的发展，为中国最终取得战争的胜利，奠定了经济基础，值得当代科研人员学习。

四、兽医科技推广及人员培训

除了正规的学历教育培养专业的兽医人才以外，还通过农会、学校和研究所开展了大量的培训推广教育，帮助农民提高兽医知识或者对民间兽医进行科技培训，让他们了解更多的科技知识，尤其是防疫知识，更好地进行兽病诊治。

1932 年，“山西畜牧兽医培训班”进行为期 5 个月的培训，培训 32 人。奉天兽医养成所有时也有短期的兽医培训班。中央农事训练所畜产部有农学训练班，沈阳分所、畜产部有日本人训练等。1935—1947 年，在新疆迪化兽医分处，进行病疫防治推广，开展兽医培训 19 期，培养兽医 500 余人，民众技术人员 4 800多人，并在 1939、1940 年组织部分兽医赴俄留学。农业部中央畜牧实验所与广西省政府广西家畜保育所合办畜牧兽医人员训练班。[①] 兽医生员训练班 4 个月 1 期，分 3 期，每期 50～60 人。[②] 1937 年，南京开展“全国兽疫防治人员培训班”，为期 5 个月。西北防疫处也开展“西北畜牧兽医推广人员训练班”。[③] 青海地区开设“青海畜牧兽医

① 新闻［J］. 中央畜牧兽医汇报，1942，1（2）：266-277

② 余效增 . 江西兽医业务之鸟瞰［M］. 兽医月刊，5（1-3）：32-33

③ 甘肃省档案局，29-1-64，西北防疫处，西北日报社，甘肃省党部，兰州城防司令部等单位关于电话收费办法，新任领导到职视事日期，办理通行证等的公函，代电（1935. 9-1937. 4），第 881 号　准卸任农业处赵处长连芳函据西北畜牧兽医推广人员训练班呈缴钤记等情除函复处函达查照由（1937. 1. 7）［A］“第一训练班学生已于本年七月二十三日在崧山甘肃种畜分场举行毕业事务亦结束所有前发钤记应截角呈缴请鉴销毁等情检西北防疫处处长 刘瑞情”

人员训练班”。① 1942 年，在高平还开展了中兽医专业班。北方大学农学院在长治为解放区开设兽专和培训班，培养了 300 多名畜牧兽医干部。1942 年，陕西省也开展兽疫防治训练班，并且设置了兽疫情报员，关注各地兽疫的发生。② 国立兽医学院也有边疆地区培训班开设（图 2-7）。

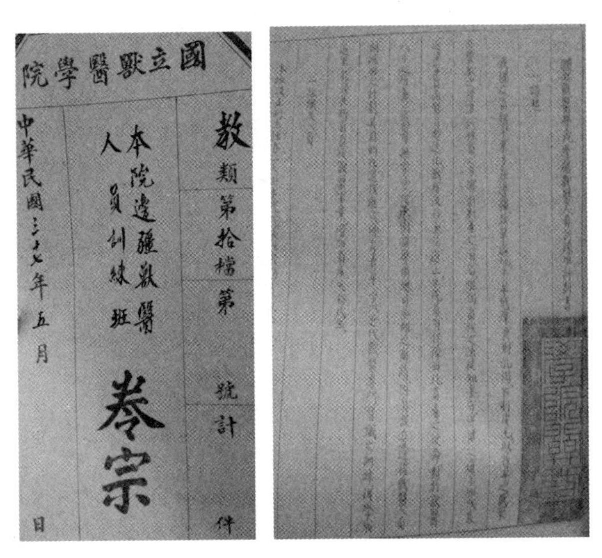
國立獸醫學院
教類第拾檔第　號
本院邊疆獸醫人員訓練班
卷宗
中華民國三十七年五月　日
計　件

图 2-7　国立兽医学院的边疆兽医人员训练班

除了这些培训外，还有一些学校，招收夜班培训生，图 2-8 中还列了所学课程：党义、国文、英文、家畜通论、家畜生理、家畜解剖、家畜卫生、家畜病理、家畜内科、家畜外科、诊断学、药物化学、药物及调剂、禽病论、寄生虫学、细菌学、血清学、饲料学、养羊马、养猪、养牛、遗传及选种、畜产制造、畜产经营、兽医警察、

① 甘肃省档案局，29-1-238，卫生署，西北防疫处，青海省保安处，湟源县防治所关于职工免受军训，领发防治牛瘟，白喉药品，疫苗，购置机械，药品消耗情况的指令，呈（1939.4-1939.8）［A］，第三五号 青海畜牧兽医人员训练班公函“开本班前往三角城，大如意，群科滩一带参观牧场，防疫知识，由张逢旭等三人携药品，疫苗会同该班前往工作”1939.8.8

② 陕西省档案局，73-3-426，本所关于兽医防治的公函（1943.3.1-5.23）［A］：71，104，141

农学大意、禽畜实验、病理实习、畜产考察、学业论文。还说明课程设计上，“使用为主，并兽医院一所，以备各生临病研究及实习之用”①。除了正规的兽医教育，兽医培训在民国时期也起到了非常重要的作用。

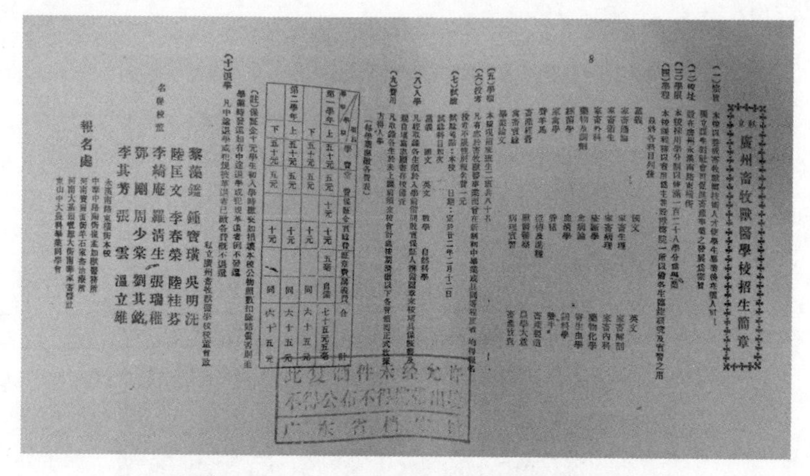
私立廣州畜牧獸醫學校招生簡章

（一）宗旨

（二）校址

（三）學額

（四）學程

（五）學級

（六）投考

（七）試驗

（八）入學

（九）費用

（十）退學

名譽校董

報名處

图 2-8　私立广州畜牧兽医学校招生简章②

兽医的学历教育是西兽医科技传播的重要途径，但由于当时教育资源有限，每年培养的毕业生寥寥无几，与当时社会需求相比，远远不能满足需求，所以通过开展各种类型的培训班，就可以针对某一地区的兽医进行培训，满足地方需求。民国时期，这类培训主要集中于防疫培训。专家们不只针对培训撰写培训材料，还会带血清、疫苗、诊断液等奔赴培训现场，进行推广普及，③ 对 20 世纪 30 年代暴发的兽疫防控成效显著。这对当前的兽医科技推广，也有一定的借鉴作

① 广东省档案局，006-003-0875-008，私立广州畜牧兽医学校招生简章，1933 年［A］

② 广东省档案局，006-003-0875-008，私立广州畜牧兽医学校招生简章，1933 年［A］

③ 甘肃省档案局，29-1-238，卫生署，西北防疫处，青海省保安处，湟源县防治所关于职工免受军训，领发防治牛瘟，白喉药品，疫苗，购置机械，药品消耗情况的指令，呈（1939.4-1939.8）［A］，第三五号 青海畜牧兽医人员训练班公函“开本班前往三角城，大如意，群科滩一带参观牧场，防疫知识，由张逢旭等三人携药品，疫苗会同该班前往工作”1939.8.8

用。包括兽医知识的宣传、兽医科技的传播以及兽医产品的分销等。

第三节　兽医管理体系的改进

兽医是与畜牧业生产、食品安全、公共卫生安全和环境安全息息相关的行业，其发展程度与水平关系到一个国家的贸易流通、经济发展、卫生安全及社会稳定等多方面。建立完善的兽医管理体系，才能更好地促进行业监管和发展，保障国家的各方面需求和国家安全。

健全的兽医管理机构能够更好地推动行业发展，建立健全法律法规、大力高效执行监管。一般来说，兽医管理机构可以分为官方和民间两部分，官方管理机构主要是在国家层面进行立法、监管和政策研究与执行。民间组织则是以行业协会形式自动约束兽医执业者。完善的法律法规和专业的执业者也是管理体系的重要组成部分，关系到执行的力度和结果。兽医一般分为官方兽医、执业兽医和兽医研究人员。一般涉及的主要工作内容有：动物疫病的监测、通报与控制，动物疾病诊治，动物源性食品安全，兽药监控，动物产品贸易，动物产品和废弃物处理，兽医学术研究等。兽医管理体系的变化可以从一个角度反映兽医行业的发展。

近代，由于陆军建设需要，防疫管控、兽医执业和公共卫生管理的开展，通过去日本和美国进行考察①，逐渐改组和创建了一些新的兽医机构。并且相继颁布了一些管理条例和法规，进一步按照西式兽医管理模式完善兽医行政管理体系。在近代兽医发展上，起到了关键作用。

一、兽医官方管理机构的变化

清代的官方兽医主要为上驷院、太仆寺和车驾司工作，主要服务于皇家和军队，所以归属内务府和兵部管辖。以上驷院为例，一般设蒙古医士职，以马医身份随军出征，由于对骨伤比较擅长，也兼治人

① 中国第二历史档案馆，全宗二三_ 1_ 93，农林部所需考察日本农业之技术科学资料项目［A］“畜牧部分，首要：过去日本根绝牛瘟之方法及所采步骤；日本有关兽疫预防及牲畜检验条例章则；日本现有兽医研究机构之名称及其地址；日本兽医机关研究成效之报告。次要：日本兽疫情形及工作概况；日本每年兽疫防治及血清制造经费之总数占全农业经费之比例；日本兽医出版情形并搜集其主要书籍”

病。但一般来讲，人员不多，从清代官职来看，乾隆十一年（1746年），设蒙古医生头目二人，后调整为三人，从这个设定来看，上驷院的蒙古医士，一般也不会超过二十人。与唐代兽医六百人相比，兽医的人数锐减。各地方政府也不设兽医官负责地方兽医事务，在清代地方上除了官营牧场，汉人是不能养殖马匹的，只有满蒙可以进行马匹养殖，这是在军事物资方面的控制。民间兽医在执业要求上，一般无官方考核和认证，所以没有专门的管理机构。所以，中国古代兽医管理体系比较单一。

在清末民初时，为了加强陆军建设，改良马匹品质，培养新式兽医，创建了北洋马医学堂，归属于练兵处（1903 年成立）下辖的军政司医务科①。光绪三十二年（1906 年），兵部改组为陆军部，开始了全面的陆军改革，太仆寺和车驾司都遭到裁撤。相应的，机构也发生了调整，陆军部军医司下设马医科，主要负责治疗伤病、选调兽医、筹备药物等，官职也发生了变化，设有总马医官、正马医官、副马医官、马医长等官职，在人数设定上，一般总马医官一人，以下按需设置。② 到民国时期，变军牧司为军马司。1927 年，兽医归属又调整为军医司，增加了防疫等内容。1937—1948 年，又陆续建立了第 1 至第 4 兽医院、兽医器材库、军马防疫所。可以说陆军兽医机构的变化与时代和社会关系密切。但这个部门并不是服务于全国的，只是军队系统的兽医部门。③ 在规模上扩大，由最初上驷院的蒙古医士几十人，到兽医院、器材库、军马防疫所等部门的增设，军方兽医从业人员有飞跃式的增长。扩充规模达数十倍。

在中华人民共和国成立以前，中国的兽医管理机构除了军队的相关部门外，最主要的就是兽疫防控机构的创建。这与政府的变革和社

---

① 《清史稿》一百十九《志》九十四；“军政、军制、军衡、军需、军医、军法六司，各司长一人……暂设军实司……军牧司……军学处”

② 《清史稿》一百十九《志》九十四；“军衡、军乘、军计、军实、军制、军需、军学、军医、军法、军牧十司，职置司长各一人”“同副参领职，任正军需官，正军医官，正执法官，总马医官，一等书记官，秩视游击。三级协参领职，任管带官……正马医官，二等书记官，秩视都司。次等一级正军校职，任督队官……副马医官，三等书记官，秩视守备。二级副军校职，任排长……马医长，书记长，秩视千总；同协军校职，任司号长……军牧所掌，视旧太仆寺。”

③ 陈尔修 . 兽医与国防［J］. 兽医月刊，1940，5（4-6）

会转型息息相关。1906 年，创建农工商部负责全国的农业事务，包含了畜牧事宜，但并没有增设兽医管理机构。到民国时期改组为农林部，增建了许多兽医防疫机构。在一些其他国家管理地区，也相继成立了设有兽医职位的食品检验、进出口检疫、铁路检疫和卫生管理等机构。①

（一）防疫、检疫机构的创建

随着与其他国家贸易和交流增多，兽医管理机构和内容也呈现出新的内容变化，一方面基于贸易的要求，另一方面基于国内兽疫的暴发，防疫、检疫被提上日程，需要建立专门的机构进行监管、控制。中国近代建立最早的检疫机构是 1903 年中东铁路的兽疫检疫，主要是检疫铁路运输的家畜。② 在上海，由于贸易的要求，外方要求动物产品要有执业兽医检疫后方可出口。1921 年，在法国召开了一次关于防控兽疫扩散传播的会议，明确指出了动物产品贸易过程中，加大了疫病的传播范围，造成原来无疫病国家疫病流行。因此，于 1924 年成立了国际兽疫局（OIE），专门监管国际兽疫。中国的兽疫监控意识较晚，由于要对国内原有肉乳兼用型牛进行品种改良，开始有多个国家的种牛被引进中国，并在很多地区设立牧场。而且由于外国人的增多，对牛奶的消费增多，很多城市周边开始发展养牛业。③ 但是由于我国口岸没有设置检疫机构，所以导致国内兽疫多次大流行，危及多地区的养牛业发展。④

1. 防疫机构的创建及其主要工作内容

《改进中国畜牧兽医事业》提出要从五个方面进行兽医改进：兽医行政推行问题、诊断与血清疫苗之制造研究、初级兽医干部培养、兽医人才培养、地方政府的推进作用。其核心问题都是围绕兽疫防控展开的，包括兽疫扑灭，血清、诊断液、疫苗研究推广与发放，农村

---

① 青岛商品检验局．青岛市牛业调查及对外贸易情况剪报，青岛档案馆，B0034-001-00148［A］；童果顺．青岛济南工商业调查记［J］．商学季刊，1923，1（4）：10；德国在青岛建立屠宰场，含有兽疫检验，开设血清制造厂生产血清；在天津、上海等租界区，对兽医执业、屠宰场、检疫等颁布了相关条例，一般都归属卫生署管辖

② 中国畜牧兽医学会．中国近代畜牧兽医史料集［M］．北京：农业出版社，1992

③ 上海开始有牛奶棚，北京周边也建了很多奶牛场，广州地区建有贩卖水牛奶的企业

④ 香港曾经报道的牛瘟流行，就是由于从新西兰进口牛没有检疫而造成的，上海报道的 1873 年牛瘟与 1865 年英国暴发的牛瘟相同

兽疫防治宣传、建立基层兽医站、兽疫预警机制等。① 这些充分说明了建立防疫机构的必要（图 2-9，图 2-10）。防疫与检疫机构的创

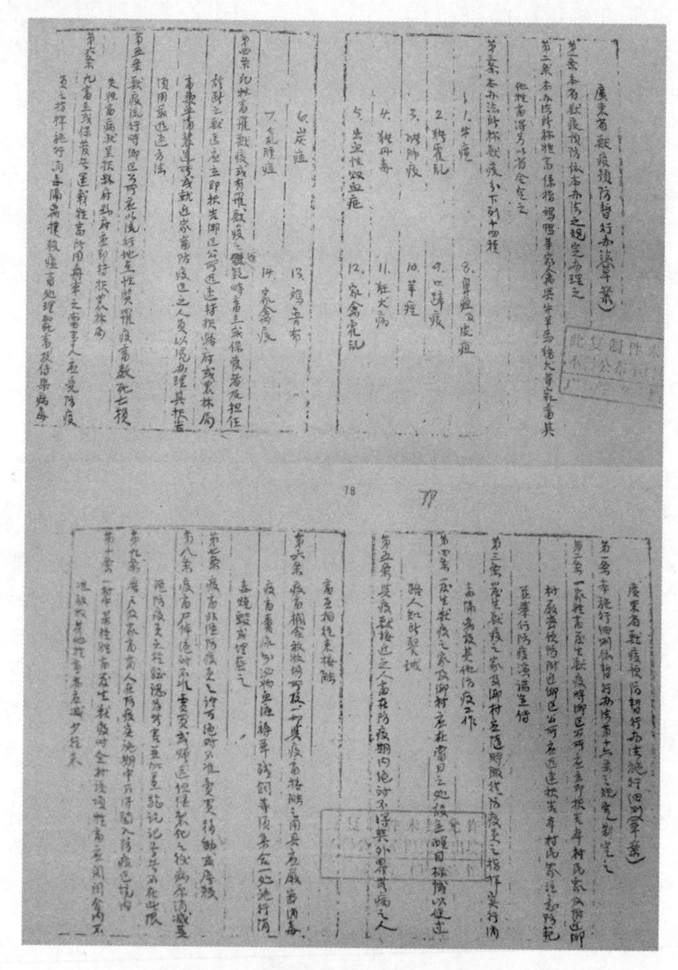

廣東省獸疫預防暫行辦法（草案）

第一條 本省獸疫預防依本辦法之規定辦理之

第二條 本辦法所稱牲畜係指鷄鴨等家禽與牛羊馬豬犬等家畜其他牲畜得另以省令定之

第三條 本辦法所稱獸疫分下列十四種

1. 牛瘟　2. 豬霍亂　3. 豬肺疫　4. 豬丹毒　5. 出血性敗血症　6. 炭疽　7. 氣腫疽　8. 鼻疽及皮疽　9. 口蹄疫　10. 羊痘　11. 狂犬病　12. 家禽霍亂　13. [illegible]　14. 家禽疫

图 2-9　兽疫预防暂行办法及细则②

① 甘肃省档案局，30-1-359，农林部西北兽疫防治处办理，改进中国畜牧兽医事业意见书，中国农业建设文选，乳牛流产病检验论文等的函、训令（1945.11-1946.10）[A] 函送改进中国畜牧兽医事业意见 1946.4.17

② 广东省档案馆，006-003-0505-070~081，关于筹备恢复畜类血清制造所等情的文及附件 [A]

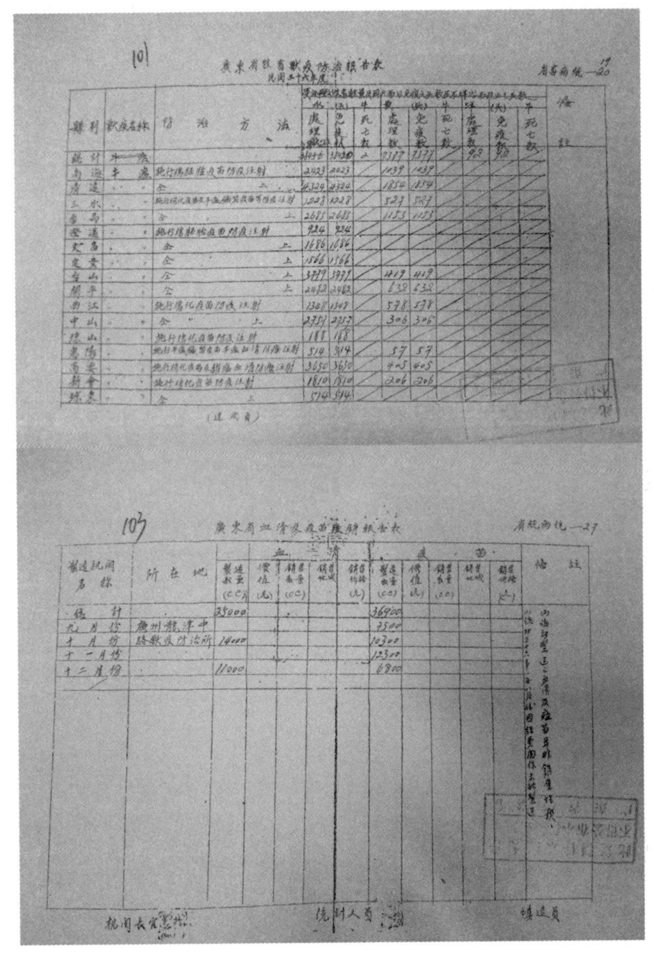

101

广东省畜牧兽疫防治报告表

民国三十六年度

县别	兽疫名称	防治方法	牛 处理数	牛 免疫数	牛 死亡数	猪 处理数	猪 免疫数	猪 死亡数	羊 处理数	羊 免疫数	羊 死亡数	备注
总计	牛瘟		[illegible]	[illegible]	2	7177	7177		92	92		
南海	牛瘟	[illegible]疫苗防疫注射	2423	2023		1039	1039					
清远	〃	仝上	4324	4324		1854	1854					
三水	〃	[illegible]	1228	1228		527	527					
番禺	〃	仝上	2685	2685		1153	1153					
[illegible]	〃	[illegible]疫苗防疫注射	924	924								
文昌	〃	仝上	1686	1686								
定安	〃	仝上	1566	1566								
台山	〃	仝上	3719	3971		419	419					
开平	〃	仝上	2482	2482		632	632					
曲江	〃	[illegible]疫苗防疫注射	1308	1348		578	578					
中山	〃	仝上	2757	2757		306	306					
[illegible]	〃	[illegible]疫苗防疫注射	188	188								
惠阳	〃	[illegible]注射	514	514		57	57					
高要	〃	[illegible]注射	3650	3650		405	405					
新会	〃	[illegible]疫苗防疫注射	1810	1810		206	206					
琼东	〃	仝上	574	514								

103

广东省血清及疫苗产销报告表

制造机关名称	所在地	血清 制造数量(cc)	血清 价值(元)	血清 销售数量(cc)	血清 销售地域	血清 销售价格(元)	疫苗 制造数量(cc)	疫苗 价值(元)	疫苗 销售数量(cc)	疫苗 销售地域	疫苗 销售价格(元)	备注
总计		35000					36900					
九月份	广州龙洞中路兽疫防治所						7500					
十月份		24000					10300					
十一月份							12300					
十二月份		11000					6800					

机关长官　　　统计人员　　　填造员

图 2-10　兽疫预防报告及血清疫苗产销情况①

建，都是从无到有的过程，到 1946 年农林署所属的防疫相关机构的创建，从业人员已超过千人；从规模上来看，已经形成全国的防疫网络，与中国古代官方管理机构相比，从业人数和规模上都有大的飞跃（表 2-3，表 2-4）。从防疫机构的设置来看，三大防疫处中西北防疫处和蒙绥防疫处是处于中西部地区，而且是以预防兽疫为主，其成立

① 广东省档案馆，006-003-0601-95~104，广东省畜牧类兽疫防治纲报告表［A］

的主要目的就是保障西北畜牧业的发展，工作内容包括家畜疫病的调查与防控。

表 2-3　农林署所属畜牧兽医机构调整简明表①

机构名称	职员	技工	农工	备注
中央畜牧实验所	76	20	66	
广州畜牧试验研究	34	4	13	拟裁
中畜所华北大做站	55	20	10	停办
兰州西北兽疫防治所	67	20	15	照旧维持
南京东南兽疫防治所	17	15	16	加入中畜所
贵阳西南兽疫防治所	86	14	20	
	21	4	5	拟裁
西宁青海兽疫防治所	35	10	5	
	35	10	5	拟裁
归绥晋绥兽疫防治所	30	10	5	
	10	3	2	拟裁
成都华西兽疫防治所	35	10	5	
	35	10	5	拟裁
北平华北兽疫防治所	67	15	16	停办
上海病虫药械制造实验总厂	54			停办
北平械制造实验厂	26			停办
沈阳械制造实验厂	21			
无锡械制造实验厂	48			
西南兽医防治处	86	21	45	增加 24
西北兽医防治处	67	67	29	减少 38
青海兽医防治处	35	35	16	减少 19

表 2-4　兽医防疫机构创建一览表

序号	机构名称	创建时间（年）	隶属单位	历史沿革	主要成果
1	中央防疫处	1919	北洋政府	1935 年，国民政府卫生署让中央防疫处迁至南京，原天坛防疫处旧址则改为中央防疫处北平制造所	

① 中国第二历史档案馆，二三-2324，农林署所属畜牧兽医机构及烟产改进处分别裁并及有关文书［A］，35 页

（续表）

序号	机构名称	创建时间（年）	隶属单位	历史沿革	主要成果
2	西北防疫处	1934	南京政府	甘肃的临兆、临潭、夏河、青海的共和、湟源[①]及宁夏的银川设立防治所；1940年增设海原、固原两所[②]。1941年与蒙绥防疫处合并调整，改为农林部西北兽疫防治处	西北五省灭牛瘟计划
3	蒙绥防疫处	1935	南京政府	1937年以前，归属实业部渔牧司，兽医科，1937以后，改为晋绥兽疫防治处；与中央防疫处、西北防疫处并称三大防疫处	颁布《兽疫预防条例》
4	兽疫调查所[③]	1923		1924年青岛农林局畜牧组陈宰均任主任技师	
5	青海建设厅	1929	青海	1941年，青海并入西北兽疫防治处，兽疫防治所并入青海兽疫防治大队成立西宁血清厂，湟源一所保留；1943年，青海兽疫防治处成立	
5	上海兽疫防治所	1934			
6	兽医防疫大队（四川）	1940			
7	河南兽疫防治处	1943			
8	西南兽疫防治总站	1944			

① 甘肃省档案局，29-1-65，西北防疫处，西北盐务管理局，甘肃省禁烟委员会，甘肃学院等单位关于启用新关防，赠送药品，人事调动，抗日捐款等公函（1937.7-12），青海省政府公函（1937.11.28）［A］“本处增设共和湟源二县兽疫防治所各一处”

② 甘肃省档案局，29-1-372，甘肃省政府，卫生署，西北防疫处等关于派员核查防治牛疫及设立县兽疫防治所等事项的训令，函，呈，电（1940.2-8），甘宁青区兽疫防治办法请转核定一案经电奉行政院（1940.4.23）［A］机字第99号：“海原1940.3.16设兽疫防治所”“固原1940.3.27设兽疫防治所”

③ 农业部畜牧兽医局．中国消灭牛瘟的经历与成就［M］．北京：中国农业科学技术出版社，2003

（续表）

序号	机构名称	创建时间（年）	隶属单位	历史沿革	主要成果
9	东南兽疫防治处，华北兽疫防治处，华西兽疫防治处，西南兽疫防治处①	1947			

注：根据档案资料整理

具体工作内容有奔赴所辖各地调查家畜疾病状况②，拟定家畜疫病防控计划，生产血清、诊断液、疫苗等，按照各地需求培训分发，并在各防治处设家畜病院诊治患畜。③ 从档案资料来看，当时西北地区牛、羊疫病较多，需要呈请分发血清，并须兽医前往防治。④ 并且

① 中国第二历史档案馆，二三_ 1_ 89，农林部编印之《战时农村建设事业》［A］："防治兽疫，农林部以防治兽疫，保健牲畜列为主要业务，曾设有西北兽疫防治处、青海兽疫防治处、河南兽疫防治处、东南兽疫防治站、第一、第二兽疫防治总站及西昌畜牧实验场、各设血清厂、兽医站及防疫分队，分负兽疫防治之责"；农林部各区兽疫防治处概况（续）［J］. 畜牧兽医月刊（成都 1940），1948，7（1-3）：14-16；农林部各区兽疫防治处概况（未完）［J］. 畜牧兽医月刊（成都 1940），1947，6（10-12）：16-17

② 甘肃省档案局，29-1-66，西北防疫处，空军司令部，渭源，海原，永登县政府，新疆省政府关于兽医各项法规，兽疫防治条例，赠送牛痘苗及防治白喉，猩红热等的公函（1937. 12-1938. 6），代电新疆省政府公函 建字第 130 号、经济部中央农业实验所公函 渝乙字第 00 四四号［A］"本所为明了我国西北畜牧事业概况起见，特派本所代理技正任承统前赴西北考察畜牧事业及畜产运销制造概况以资考察，素仰贵处设备完善，敬祈于该员到达时以协助引导参观相应函达即希案照为荷"

③ 甘肃省档案局，30-1-292，西北兽疫防治处农林部、西北兽疫防治处兰州工作站等关于报核生物成本计算会议记录，门诊工作月报等的指令、函（1942. 02-1948. 10）［A］

④ 甘肃省档案局，29-1-238，卫生署，西北防疫处，青海省保安处，湟源县防治所关于职工免受军训，领发防治牛瘟，白喉药品，疫苗，购置机械，药品消耗情况的指令，呈（1939. 4-1939. 8），西北防疫处湟源县兽疫防治所呈 第二十三号［A］"近来大如意属近一带发生牛病，有牛肺肿大，鼻孔流脓，而死者有排泄黑粪，内混血液，而死者现正蔓延传染，死亡甚剧，请贵所派员前往防疫"；甘肃省档案局，28-2-169，甘肃省政府，省卫生处临洮等卫生院关于派员防治卓尼等县痢疾、牛瘟等症的指令、报告、呈文、通知、电报（1941. 6-1948. 3）第 451 号［A］"被马等地并河南亲王牧区发现牛瘟传染痢疾祈速着兽医人员来拉防治"；上海档案馆，S118-1-21，上海市乳品业同业公会关于会员户牛只注射炭疽预苗事与农林部东南兽疫防治处联系等的有关文书（内有英文文件）［A］194302-194907：1，16，19-22

在抗战特殊时期，有联合少数民族之使命“本处成立主旨减少藏民损失及增加其内向心为巩固抗战时之边防计”。①

1938—1939 年，蒙绥防疫处针对牛疫的防控工作，进行了为期一年的调查工作。② 从蒙绥防疫处的工作简报看（附录 4）③，1938—1939 年，蒙绥地区牛瘟流行范围广，死亡率高，个别地区还有马鼻疽和羊口蹄疫，调查人员对各地区的兽疫进行调查和预防注射（表 2-5），并进行兽疫的危害及防控知识宣讲，促进形成牧民防疫意识。从预防注射的数量上来看，已经在西北地区形成一定的影响。

表 2-5　注射预防牛疫疫苗统计表④

地名	延安	安塞	保安	定边	盐池	靖边	横山	同宫	扎萨克	乌审	东腾	榆林	总计
注射牛数（头）	404	95	99	371	304	104	316	137	401	365	478	845	3919

行政院第八战区经济委员会在 1940 年开展了甘宁两省牧场调查，称“本会对于兽疫防治尤为注念，究以何种疫病发生最多，其防治设备，畜种之改良与繁殖之情况，均欲明了，贵处有无分机构之设立，分布状况如何”。⑤ 1940 年西北地区主要流行的兽疫和病症有：牛瘟、马鼻疽、羊痘、炭疽、羊疥癣、羊内寄生虫、牛出败、牛羊四蹄疫、猪瘟、狂犬病、牛肋膜肺炎、山羊肺炎等。⑥ 从湟源地区 1940 年 3 月消耗的药品报告来看（表 2-6），湟源地区当时牛瘟和牛疫为

① 甘肃省档案局，29-1-238，卫生署，西北防疫处，青海省保安处，湟源县防治所关于职工免受军训，领发防治牛瘟，白喉药品，疫苗，购置机械，药品消耗情况的指令，呈（1939. 4-1939. 8），西北防疫处湟源兽医防治所呈 第二十五号［A］“羊，以羊之寄生虫为烈，请派人前往防治等语”1939. 5. 12

② 甘肃省档案局，29-1-373，卫生署，西北防疫处，蒙绥防疫处，西北技艺专校（1940. 8-9）蒙绥防疫处工作简报 1938. 7-1939. 6［A］

③ 甘肃省档案局，29-1-373，卫生署，西北防疫处，蒙绥防疫处，西北技艺专校（1940. 8-9）蒙绥防疫处工作简报 1938. 7-1939. 6［A］

④ 甘肃省档案局，29-1-373，卫生署，西北防疫处，蒙绥防疫处，西北技艺专校（1940. 8-9）蒙绥防疫处工作简报 1938. 7-1939. 6［A］

⑤ 甘肃省档案局，29-1-373，卫生署，西北防疫处，蒙绥防疫处，西北技艺专校（1940. 8-9），为函请调查兽疫防治设备及繁殖情况由 经济三字第 193 号行政院第八战区经济委员会 1940. 8. 6［A］

⑥ 甘肃省档案局，29-1-373，卫生署，西北防疫处，蒙绥防疫处，西北技艺专校（1940. 8-9）［A］

主要防控疫病，也有霍乱和伤寒。并有番民罗桑报告该地暴发牛出血性败血病。青海地区的防控疫病主要是针对马、犬、牛，“有马、犬、牛五六百头，预防注射，白喉；湟源：霍乱，伤寒”。[①] 从这些内容来看，西北地区流行兽疫多，且易感动物范围大，如果不能进行合理的预防和控制，将会给西北地方畜牧业带来巨大危害，直接影响经济效益。

表 2-6　西北防疫处湟源县兽疫防治所药品消耗月报告（1940. 3）[②]

品　名	原存数量	消耗数量	现存数量
牛瘟苗	8 打	半打	5 打半
浓缩白喉抗毒素	4 安瓿		4 安瓿
炭疽疫苗	329 毫升		329 毫升
野兽牛疫疫苗	2 200 毫升	380 毫升	1 820 毫升

从防疫机构的创建和其工作成效来看，全国各地都创建了防疫机构，并建立了生物制品厂，保障各地区的畜牧业发展。并在各地进行防疫知识的宣传，有效促进了民众防疫意识的建立，部分地区牧民已经开始意识到预防注射的重要作用，开始在西北地区形成一定的影响。到 20 世纪 40 年代，很多疫病都得到了有效控制。一些弱化苗的研制成功，有效提高了疫苗的保护效力，降低了生产成本，大大促进了疫病的防控，使西北畜牧业发展得到保障。

防疫机构的从业人员，一般都是经过专业训练，学习有相关防疫知识，部分还要经过专门的培训。在其任职过程中，都需要有官方颁发的证书，才能进行相关工作。在工作中也会进行专业方面的继续教育。在官方的记录中会有所有的相关信息（图 2-11）。吴绍良 1944—1949 年的相关信息，既包含基本信息的年龄、出身等内容，

① 甘肃省档案局，29-1-239，西北防疫处，湟源县防治所关于领发药品，疫苗及财产增减，药品消耗情况等的指令，训令，呈（1939. 7-1940. 6），第三十号 青海盐场公署函[A]“有马、犬、牛五六百头 预防注射，白喉；湟源 霍乱，伤寒”1939. 7. 12

② 甘肃省档案局，29-1-239，西北防疫处，湟源县防治所关于领发药品，疫苗及财产增减，药品消耗情况等的指令，训令，呈（1939. 7-1940. 6），第三十号 青海盐场公署函[A]“有马、犬、牛五六百头 预防注射，白喉；湟源 霍乱，伤寒”1939. 7. 12

也包含政府委任状、离职证明和毕业证书。1944 年吴绍良在乌审旗保安司令部担任一等兽医佐，月薪 160 元。1946 年到绥远兽疫防治处担任技佐。1947 年拟往晋绥防疫处任职，离职时月薪 130 元。1949 年到晋绥防疫处任职。侧面反映了当时兽医管理机构的相关手续和从业人员的背景与资质、工作薪资等。

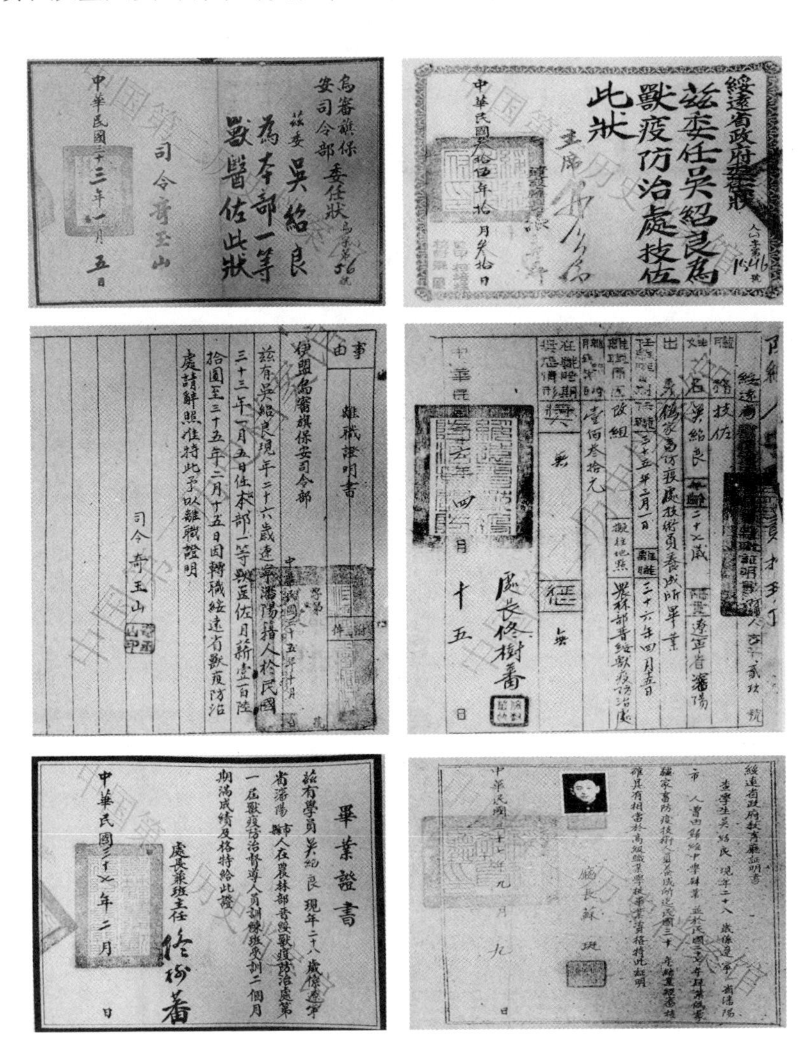

烏審旗保安司令部委任狀 烏字第56號
茲委吳紹良為本部一等獸醫佐此狀
司令奇玉山
中華民國三十三年一月五日

綏遠省政府委任狀 人字第1546號
茲委任吳紹良為獸疫防治處技佐此狀
主席
中華民國三十五年拾月叁拾日

事由 離職證明書
伊盟烏審旗保安司令部
茲有吳紹良現年二十六歲遼寧瀋陽籍人於民國三十三年一月五日任本部一等獸醫佐月薪壹百陸拾圓至三十五年二月十五日因轉職綏遠省獸疫防治處請辭照准特此予以離職證明
司令奇玉山
中華民國三十五年 月 日

職務 技佐
姓名 吳紹良
年齡 二十七歲
離職原因 改組
月薪 壹佰叁拾元
擬往地點 農林部晉綏獸疫防治處
處長佟樹蕃
中華民國 年四月十五日

畢業證書
茲有學員吳紹良現年二十八歲係遼寧省瀋陽縣市人在農林部晉綏獸疫防治處第一屆獸疫防治督導人員訓練班受訓二個月期滿成績及格特給此證
處長兼班主任佟樹蕃
中華民國三十八年二月 日

綏遠省政府教育廳證明書

图 2-11　吴绍良的相关资料

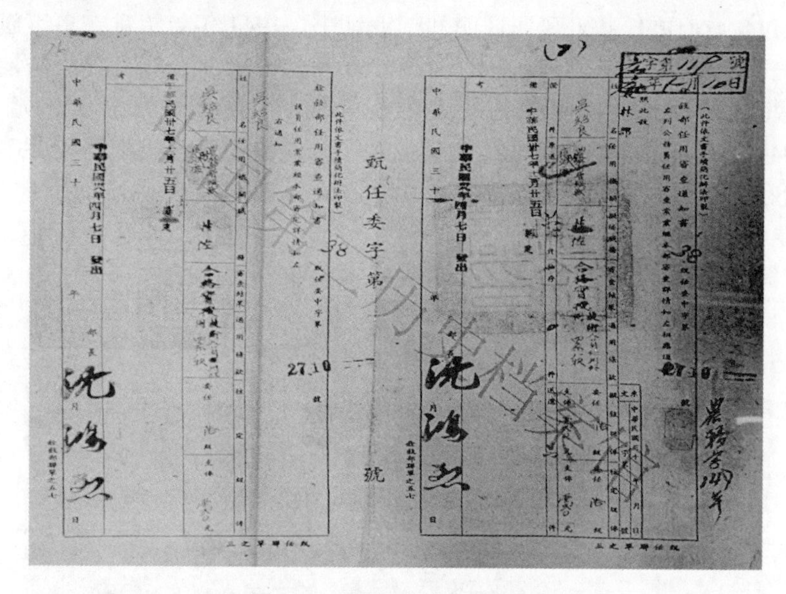

图 2-11　吴绍良的相关资料

2. 检疫机构的成立及其工作内容

中国第一个出口检查所于 1927 年在天津成立，1932 年成立上海商品检验局，进行畜产品检。管理上海、宁波、南京等口岸的畜产品检疫工作，签发兽医检验证书。之后，广州、汉口等地相继设立检疫机构，结束了由外国人控制检疫口岸的历史。① 由于之前口岸检疫都由外国人控制，所以在畜种引进的过程中，造成了疫病的传播。自主控制口岸检疫是对我国畜牧业的一种保护，也是对我国公共卫生事业的保护。

上海的家畜检疫工作由来已久，② 19 世纪末在租界区就开始有检疫和防疫的概念，在动物检验规程中，明确规定了需要检验的动物以及入境检疫隔离时间等，还对一些地区的重要动物，规定要附有原产

① 上海档案馆，U1-4-723，上海公共租界工部局总办处关于乳场牲畜之检疫（1934—1936）卫生［A］

② 上海档案馆，U1-2-762，上海公共租界工部局环保卫生检查员关于环卫检查及兽疫情况报告和年度综合报告及菜牛和奶牛存栏数（双）周报表等的文件 188301-188409 卫生［A］

国或原产地的官方兽医证明。① 具体内容如下。

……

"2. 鸡 鸭 鹅 火鸡和其他禽类 菜牛 绵羊 山羊 马 hog 狗 猫 骆驼及其他动物及这些野生动物等近缘动物。3. 任何进入中国境内港口的动物都需要24小时隔离 需要官方检疫许可，付费后商品检验局负责相关事宜。4. 从国外进口的重要动物，需要附有原产国家或地区官方兽医证明，主要包含以下内容：原产国家或地区无10中的传染病存在60天内；动物品种、年龄、性别、出海前诊断结果等。""6. 下列状况需要遣返：无官方兽医证明；证书与动物检验不一致；被发现或怀疑携带传染病或寄生虫。7. 检疫期：按局要求，没有许可，不可入境。8. 在检疫站配合检疫，检疫费。9. 检疫通过可给予证书，放还动物。10. bovine contagious plcuro-pneumonia; infectious abortion; malta fever; tuberculosis; foot and mouth disease; surra; anthrax; piroplasmosis; rinderpest; swine erysipelas; hog cholera; swine plague; glander; farcy dourine; strangles; epizootic and ulcerous lymphangitis; rabies; fowl cholera; fowl diphtheria; fowl plague; white diarrhea and other infectious or parasitic disease"②

从检疫动物品种、疾病类型到检疫隔离时间和费用都进行了详细的规定，规定的兽疫如口蹄疫、猪瘟等兽疫到现在也是A类疫病，对保障国内畜牧业发展有重要作用，可以有效地将疫病阻挡在国门之外。

在之后附则中，明确规定了给家畜办理隔离期手续，是三联模式"1. 许可是三联形式第一联在检验局留底 第二联用于领取许可证 第三联归属买家"……"3. 隔离期 contagious abortion; tuberculosis; surra; malta fever; bovine contagious pleuro-pneumonia 检出则 cremated 烧毁或深埋。4. 隔离期至少15天未经允许不得离开。5. 费用：牛每头10美元 每增加1头加2（美）元 绵羊和山羊　每只1美元，每

① 上海档案馆，U1-4-723，上海公共租界工部局总办处关于乳场牲畜之检疫（1934—1936）卫生［A］，第9页动物检验规程（19350411）Animal Quarantine Regulations

② 上海档案馆，U1-4-723，上海公共租界工部局总办处关于乳场牲畜之检疫（1934—1936）卫生［A］，第10页动物检验规程（19350411）Animal Quarantine Regulations

增加一只加50（美）分。"① 还规定了隔离的费用，包括批量进口时，每增加一头（只）的费用，很明确也很详细。对于一些烈性疫病，检出后要求销毁深埋。与现在的处理也较为相似。说明已经充分认识到一些疫病不易消除的特性，为了避免再次暴发，需要做特殊处理。

在市场检疫方面，设有专门的兽医官，并且需要兽医官签名盖章。② 主要防控的家畜疫病有"牛疫 牛肺疫 炭疽 狂犬病 口蹄疫 鼻疽 气肿疽 假性皮疽 猪霍乱 猪疫 猪丹毒 羊痘 结核等病"。③ 主要是监督市场内买卖牲畜，一旦发现疫病，要进行隔离验留，重症的需要兽医指挥扑杀或烧毁。费用方面如表2-7。④ 也有在家畜疫病易发时期，派驻兽医进行检疫和防疫工作。⑤ 从这些方面可以看出，在家畜市场的控制上，也已经有了很大的进步。家畜市场是各种动物聚集的地方，如果不进行检验，一旦发生疫病，通过家畜间的接触与传染，会使疫病流行范围迅速扩大，有可能在周边地区都发生流行，所以通过市场检验控制疫病，也是兽医业发展的重要表现。

表2-7　检验费用明细⑥

动物品种	黄牛	水牛	小牛	猪	绵羊	山羊	鸡	鸭	鹅	鹜	鸠	其他禽类
费用（元）	2.00	2.00	1.50	0.30	0.20	0.20	0.02	0.02	0.02	0.02	0.01	0.01

① 上海档案馆，U1-4-723，上海公共租界工部局总办处关于乳场牲畜之检疫（1934—1936）卫生［A］，第12页动物检验规程（19350416）Animal Quarantine Regulations Supplementary Rules No.1

② 上海档案馆，32-1-416-10，上海特别市政府关于派驻牲畜市场检疫处章程及检疫规则的训令（19410919）［A］第7页，牲畜市场检疫组织章程

③ 上海档案馆，32-1-416-10，上海特别市政府关于派驻牲畜市场检疫处章程及检疫规则的训令（19410919）［A］第9页，检疫处检疫规则

④ 上海档案馆，32-1-416-10，上海特别市政府关于派驻牲畜市场检疫处章程及检疫规则的训令（19410919）［A］第9页，检疫处检疫规则

⑤ 上海档案馆，R36-13-115，（日伪）上海特别市警察局关于全市宰作均须统制各兽医暂行回所案（1939.09-1940.11）［A］第23页"为准秋山指导官嘱全市宰作均须统制"；第27页"近来天气炎热，疾病易于发生，关于人民肉食，更应特别注意 防患于未然，请派兽医检验以重卫生，派兽医卫生防疫"；上海档案馆，R36-13-119，（日伪）上海特别市警察局长关于兽医派驻牲畜市场检验案（1940.04）［A］"各种牲畜急需检疫以免传染疫病，派本局兽医周瑞琳前往贵市场专司检验工作"

⑥ 上海档案馆，32-1-416-10，上海特别市政府关于派驻牲畜市场检疫处章程及检疫规则的训令（19410919）［A］第9页，检疫处检疫规则

在铁路检疫方面，早期在中国东北由俄国建立铁路检疫，在中东铁路建立8个兽医段，负责检疫和屠宰监督工作。并设有防疫所和兽医院。后来日本占领时期，由满铁株式会社接手，建立兽医研究所，控制铁路沿线的检疫和出口检疫工作。东北解放后，1948年成立铁路卫生检疫机构，并颁布检疫条例，开启了中国的铁路检疫事业。1935年，在徐州至上海铁路沿线，实施严格的检疫和防疫工作，扑灭了流行的口蹄疫，并阻止其蔓延。民国时期是中国铁路运输发展迅速时期，尤其在东北地区和华东地区，铁路运输逐渐凸显优势，速度快，运载量大，同时，也带来了很大的隐患，在公共卫生方面，铁路运输的速度提升，也加快了疫病的传播速度，如果在铁路检疫方面不能及时检出控制疫病，那么疫病的传播速度与范围都将迅速扩大。所以我国家畜疫病的流行趋势，从20世纪初在国境沿线或港口流行，如广西、上海、新疆、东北等地，到20世纪30年代逐渐向内扩展到各个地区。古代的疫病流行一般是沿江河水路发展，到近代，则是以铁路沿线为主要扩展线路。这个变化提示我们，在当今社会的疫病防控方面，要严守交通检疫，避免出现疫病迅速传播的现象。

（二）生物制品研究和制造机构的创建

自19世纪末开始，对兽疫的暴发有较为明确的记载，随着西兽医在疫病研究方面的发展，已经能将疫病病原进行区分，针对马鼻疽、马皮疽、牛瘟、牛肺疫、牛结核、猪瘟、鸡瘟、狂犬病等一些疾病，已经研制出血清和疫苗进行一定的保护和治疗，但是效用不显著。在20世纪初，中国还没有生产西兽药和血清等生物制品的能力，主要都是靠进口或使用外国企业生产的产品。直到1931年，上海商品检验局血清厂的成立，才改变了这种局面。其工作内容主要有：血清制造、兽疫防治、兽病诊疗、调查研究和兽医咨询等。我国早期的血清制造机构有上海兽疫防治所，青岛商品检验局血清制造所，广西牲畜保育所和实业部中央农业实验所畜牧兽医系①。20世纪30年代，中国动物疫病暴发较为频繁，所以陆续兴建了血清厂、器械厂和生物制品研究机构，即使在战时资源较为紧张的情况，生物制品生产仍然继续开展，为保障西南、西北和华东、华南地区的畜牧生产，起到了

① 吴信法著，陈之长校．家畜传染病学［M］．南京：正中书局，1936：150

关键作用（图 2-12）。

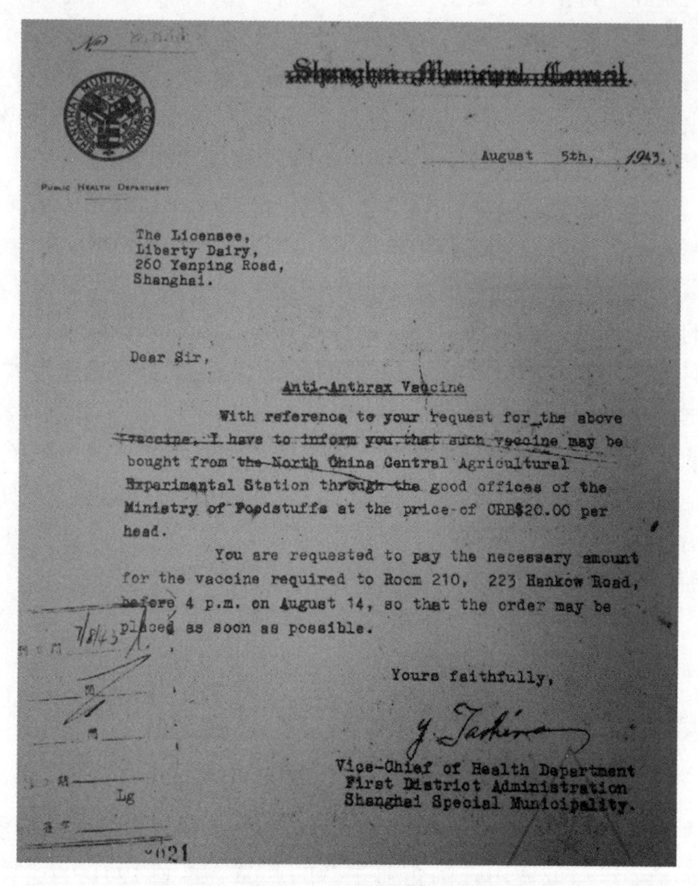

№

Shanghai Municipal Council

PUBLIC HEALTH DEPARTMENT

August 5th, 1943.

The Licensee,
Liberty Dairy,
260 Yenping Road,
Shanghai.

Dear Sir,

Anti-Anthrax Vaccine

With reference to your request for the above vaccine, I have to inform you that such vaccine may be bought from the North China Central Agricultural Experimental Station through the good offices of the Ministry of Foodstuffs at the price of CRB$20.00 per head.

You are requested to pay the necessary amount for the vaccine required to Room 210, 223 Hankow Road, before 4 p.m. on August 14, so that the order may be placed as soon as possible.

Yours faithfully,

Y. Tashiro

Vice-Chief of Health Department
First District Administration
Shanghai Special Municipality.

7/8/43

Lg

图 2-12　上海地区炭疽疫苗的购买地点和价格

各地使用的生物制品一般由防疫机构的血清厂生产①，包括：诊断液、预防液、血清、疫苗、菌苗等。从表 2-8 可以看出，在西北防疫处成立后直到中华人民共和国成立，其血清厂生产的生物制品

① 中国第二历史档案馆，二三_ 1_ 89，农林部编印之《战时农村建设事业》［A］“农林部以防治兽疫，保健牲畜列为主要业务，曾设有西北兽疫防治处、青海兽疫防治处、河南兽疫防治处、东南兽疫防治站、第一、第二兽疫防治总站及西昌畜牧实验场、各设血清厂、兽医站及防疫分队，分负兽疫防治之责，其主要工作项目：防治牛瘟；治疗驿运牲畜疫病；制造血清菌苗；推行政治防疫；训练兽疫人员”

有数十种，其中部分为人用，部分为兽用。从这些生物制品可以看出西北地区流行的兽疫有牛瘟、狂犬病等。从西北兽疫防治处生产生物制品的预算来看，牛瘟还是当时主要的兽疫，牛瘟脏器苗的成本要低于牛瘟血清（表2-9，表2-10）。

表2-8 西北防疫处血清厂生产的生物制品及药品[①]

项 目	品 种
疫苗类	伤寒混合疫苗、霍乱疫苗、霍乱伤寒及副伤寒混合疫苗、脑膜炎疫苗、鼠疫疫苗、人用狂犬疫苗、犬用狂犬疫苗、牛痘苗、牛瘟疫苗、牛败血症疫苗、炭疽疫苗等
血清类	健康马血清、白喉抗毒素、浓缩白喉抗毒素、脑膜炎血清、猩红热血清、破伤风抗毒素、牛瘟血清等
预防注射用毒素类	白喉类毒素、白喉沉淀类毒素、猩红热类毒素等
诊断用品类	凝集试验用菌液有OH抗体原、副伤寒菌甲、乙、丙型，斑疹伤寒诊断菌液（08×19、0×2）；诊断用毒素有结核素、锡氏反应用白喉毒素、狄克氏反应用猩红热毒素等；诊断用血清有福氏赤痢血清，志贺氏赤痢血清，Y型赤痢血清、多价赤痢血清、伤寒血清、副伤寒甲乙丙型血清，肺炎Ⅰ、Ⅱ、Ⅲ型血清、霍乱血清、羊血球溶解血清，灭菌生理盐水、灭菌蒸馏水、马莱因等
中西医药品类	当归精、麻黄素、葡萄糖、氯化钠、硫酸钠、碳酸钠、碳酸钾、硼酸、乙醚、亚硝酸二烷醑、杏仁水、升华硫磺、马铃薯淀粉、纯酒精、兽炭、苏打片、阿司匹灵片、各种安瓿等
草药酊剂、膏剂	番木鳖酊、姜精、番椒酊、复方大黄酊、复方龙胆酊、远志酊、复方豆蔻酊、橙皮酊、斑蝥酊、桂皮酊、当归浸膏、枸杞膏、党参膏、甘草流浸膏等

表2-9 抗牛瘟血清成本（1932.5）[②]

原料类别	价值	说 明
牛只	25	血清，牛每头值900元，使用年限3年，月支如上
饲料	426	14.2元/头，日
工资	42	牧夫一个月支薪津210元，照料5牛，每牛42元
药械	50	药品30，器械20，合计以3 000毫升计算

① 引自秦川渭水《卫生部兰州生物制品研究所六十年》

② 甘肃省档案局，30-1-292，西北兽疫防治处农林部、西北兽疫防治处兰州工作站等关于报核生物成本计算会议记录，门诊工作月报等的指令、函（1942.02-1948.10）[A] 西北兽疫防治处生物学制品成本计算表

（续表）

原料类别	价值	说　明
襍支	30	购牛旅运费及襍具共约
合计	573	每牛以月产血清 3 000毫升计算
每毫升成本	0. 191	
每剂成本	19. 1-28. 65	100~150 毫升

表 2-10　牛瘟脏器苗成本（1932. 5）①

原料类别	价值	说　明
牛只	1 500	每批以小牛 10 头计算，每头 150 元
饲料	1 500	每牛日饲 5 元，10 头月计
工资	315	健康牛接种，牛 10 头以牧夫一名半，每月工资 210 元
药械	405	药品 340 器械消损 65
襍支	400	购牛旅运费，煤电、器具、襍具、包装
合计	4 120	10 头牛每头产菌苗 1 000毫升，每牛月需 412 元
每毫升成本	0. 412	10 牛产 10 000毫升
每剂成本	8. 24	每剂用 20 毫升

1944 年，农林部附属防疫机构，在滤过性病毒传染病研究方面，主要对猪瘟疫苗、牛瘟弱化苗进行研究，并对羊的胃肠寄生虫进行驱虫试验。在血清、菌苗制造方面，生产牛瘟脏器苗 104 401毫升，牛瘟血清 105 512毫升，猪肺疫血清 36 630毫升，猪丹毒血清 23 841毫升，猪瘟血清 27 090毫升。细菌传染病则主要针对出败和猪丹毒进行研究。防治牲畜 90 717头（表 2-11）。② 可以看出无论是在血清菌苗的制造还是防治数量上，西北兽疫防治处都是全国居首的。这也与西北畜牧业发达有关。

① 甘肃省档案局，30-1-292，西北兽疫防治处农林部、西北兽疫防治处兰州工作站等关于报核生物成本计算会议记录，门诊工作月报等的指令、函（1942. 02-1948. 10）[A] 西北兽疫防治处生物学制品成本计算表

② 中国第二历史档案馆，二三_ 1_ 89，农林部编印之《战时农村建设事业》[A]

表 2-11　附农林部各兽医机构概况表

机关名称	西北兽疫防治处	青海兽疫防治处	河南兽疫防治处	东南兽疫防治站
制造血清菌苗（毫升）	608 490	220 757	22 940	30 140
防治头数（头）	79 097	7 354	44	2 170
机关名称	西昌畜牧实验场	中央畜牧实验所	中原战事	第一、第二兽疫防治总站
制造血清菌苗（毫升）	17 820	297 474	5 月中停工	1944 年并入东南兽疫防治站
防治头数（头）	2 052	详见中央畜牧实验所研究项目兽医部分		

西南地区，在生物制品生产方面，各省情况如下。湖南农业改进所下设畜牧兽医组，畜牧组（衡阳牧场、邵阳牧场、益阳牧场），兽医组：榆树湾血清厂，其中有检疫股、防疫股（第一队、第二队、第三队、检疫第一站、检疫第二站）、制造股。主要负责制造牛瘟血清及防治兽疫，有《改进耕牛计划》《畜产改进五年计划》《湖南牛瘟防治计划》三项草案。广西家畜保育所是成立比较早的畜牧兽医机构。兽医组主要负责制造牛瘟血清及脏器苗，并成立兽疫防治人员训练班、造就防疫干部人才。在建设厅设农业管理处畜牧兽医组，各县建设科，设兽医技佐一人，可报告牛瘟调查畜牧数目，举行畜舍清洁运动。贵州农业改进所主要负责制造血清及防治兽疫。建设厅设有兽疫防治委员会，专进行政治之防疫。云南省各县建设局，负责县内农事，兽疫报告。① 广西家畜保育所所送训练最多，每县不及二人一高中级人员，仍以外省者居多。湘黔农业改进所，人员缺乏。云南最少。② 成立陕甘豫鄂川康滇桂黔湘陪都十三个推广繁殖工作站，血清制造及防疫等事项。③ 从家畜疾病调查来看，以广西生产制造最为发

① 中畜所畜牧组．湘桂黔滇四省畜牧调查报告［J］．中央畜牧兽医汇报，1942，1（1）：53-89

② 中畜所畜牧组．湘桂黔滇四省畜牧调查报告［J］．中央畜牧兽医汇报，1942，1（1）：53-89

③ 简讯［J］．中央畜牧兽医汇报，1942，1（1）：108

达，一般都是以牛瘟血清进行防控，其他各地还需要辅以土法治疗。[①] 从民国时期的生物制品生产来看，虽然可以起到一定的防控与治疗作用，但是在大部分地区，很多疫病还不能得到控制，许多疫病的相关生物制品研发上还没有达到应用水平，所以还会造成很多的损失。

二、兽医管理法规的颁布及执行

随着兽医管理机构的成立，相应的法规也开始颁布，在兽疫紧急应对方面，对疫病的发现、确诊、上报、隔离、染病动物扑杀和病死尸体处理等多方面进行了详细的规范。并且也明确了兽医的工作内容和职责以及各级政府的职责。并在防疫方面也做了规定。对动物相关处理场所，如屠宰场、兽医院等有了明确要求。

在屠宰场的检疫方面，20 世纪初，哈尔滨、青岛、南京等地相继成立屠宰场。早期的屠宰检查都是由外国人操作的。[②] 1928 年民国政府卫生部颁布了《屠宰场规则》共 18 条以及《屠宰场规则施行细则》共 18 条。《屠宰场规则》规定了屠宰的牲畜暂定为牛羊猪。第四条规定，牲畜要经检查许可后方可屠宰。规定了违背规则处罚的金额。《屠宰场规则施行细则》则详细解释了具体实施办法，对于规则外的各项情况进行了规定。对屠宰场的选址、建筑、设备、仪器等做了严格规定。对卫生清洁、消毒和检查等方面也有相应条款。到日伪时期，上海兽医检验分为肉品检验股、屠宰、前八区、化制场、乳场及乳类管理股、疯畜及试验动物检验股。检验内容包括：牛只检验，结核素检验，乳牛解剖，分析化验，细菌检验。“全市领照场达六十三家，结核病与普通肺炎为奶棚牲畜中最盛行，猪只各类传染病和寄生虫病，牛类并未发现炭疽和口蹄疫。”[③] 对于检验不合格的牲畜，

---

① 中畜所畜牧组．湘桂黔滇四省畜牧调查报告［J］．中央畜牧兽医汇报，1942，1（1）：53-89

② 上海档案馆，U1-2-762，上海公共租界工部局环保卫生检查员关于环卫检查及兽疫情况报告和年度综合报告及莱牛和奶牛存栏数（双）周报表等的文件（188301-188409）卫生［A］Return of animals kept at the native dairies

③ 上海档案馆，R50-1-1393-44，日伪上海特别市卫生局关于兽医事项工作报告（1943）［A］

则进行化制处理。① 如果私自宰杀将处以三千万罚款。②

主要的兽疫防控条例有两个版本，一是1937年9月经济部公布的《兽疫预防条例》，一是1948年公布的《东北人民政府家畜防疫暂行条例》。《兽疫预防条例》共四章24条，由中央兽疫预防委员会负责相关条例的推广与执行。对防范对象，兽疫报告，疫区划定，染疫牲畜及尸体处理，染毒人及场地物品处理，损失补偿和惩罚等进行了规定。《东北人民政府家畜防疫暂行条例》共六章34条，由总则、疫情、防疫措施、检疫、奖惩和附则六个部分组成，对疫病控制反馈方面提出时间的要求，疫病扑灭5日内须总结汇报疫情。③

从防控的疫病来看（图2-13），《兽疫预防条例》规定的主要疫病有：牛瘟，传染性胸膜肺炎，牛结核病，传染性流产病，猪瘟，猪传染性肺炎，猪丹毒，炭疽，鼻疽及皮疽，口蹄疫，羊痘及其他经中央兽疫预防委员会呈奉行政院指定者。④《东北人民政府家畜防疫暂行条例》所指兽疫主要有：鼻疽，炭疽，牛瘟（牛疫），牛传染性胸膜肺炎（牛肺疫），口蹄疫，猪瘟（猪虎烈拉），猪肺疫（猪疫），牛结核，羊痘，狂犬病，马及羊之疥癣。⑤ 都是目前国际兽医局（OIE）规定的A类、B类疫病和我国农业农村部发布的一类、二类

① 上海档案馆，Q230-1-68，上海市立第一宰牲场有关伪上海市卫生局令知关于宰牲场兽医与化制场检验人员执行工作职权划分及宰后检验办法并菜市场要求派员讲解检验食品常识（1948）[A]“嗣后已运入宰牲场之牲畜，应由各宰牲场兽医负责检验，如有死畜或不合食用之病畜，由宰牲场车送化制场办理”

② 上海档案馆，Q400-1-1366，上海市卫生局关于私立宰牲作兽医暂行办法（194603-08）[A]“据该局预算岁入检验费约三千万元，该暂行办法第二条兽医新津由宰牲作负担一节，核与情理不合，且无形增加肉价影响民生，应予以删去”

③ 吴信法，段得贤合编．兽医手册[M]．上海：上海畜牧兽医出版社，1951：108．“县人民政府于兽疫扑灭五日内，须作总结。按级邸报农林部并通报邻接县市人民政府”

④ 吴信法，段得贤合编．兽医手册[M]．国立西北农学院出版组印刷，1944：92．“《兽疫预防条例》第二条 本条例所称兽疫为所列各种：牛瘟，传染性胸膜肺炎，牛结核病，传染性流产病，猪瘟，猪传染性肺炎，猪丹毒，炭疽，鼻疽及皮疽，口蹄疫，羊痘，其他经中央兽疫预防委员会呈奉行政院指定者”

⑤ 吴信法，段得贤合编．兽医手册[M]．上海：上海畜牧兽医出版社，1951：108．“《东北人民政府家畜防疫暂行条例》第三条 本条例所称之畜疫是指：鼻疽，炭疽牛瘟（牛疫），牛传染性胸膜肺炎（牛肺疫），口蹄疫，猪瘟（猪虎列拉），猪肺疫（猪疫），牛结核，羊痘，狂犬病，马及羊之疥癣而言”

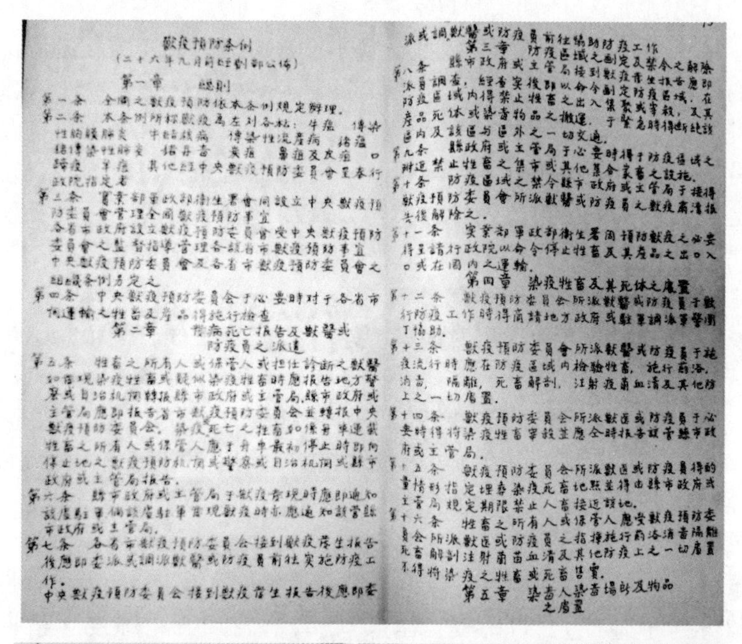

獸疫預防条例

（二十六年九月[illegible]部公佈）

第一章　總則

第一条　全國之獸疫預防依本条例規定辦理。

第二条　本条例所称獸疫為左列各種：牛瘟　傳染性胸膜肺炎　牛結核病　傳染性流產病　豬瘟　豬傳染性肺炎　豬丹毒　炭疽　鼻疽及皮疽　口蹄疫　羊痘　其他經中央獸疫預防委員會呈奉行政院指定者

第三条　實業部軍政部衛生署會同設立中央獸疫預防委員會管理全國獸疫預防事宜
各省市政府設立獸疫預防委員會受中央獸疫預防委員會之監督指導管理各該省市獸疫預防事宜
中央獸疫預防委員會及各省市獸疫預防委員會之組織条例另定之

第四条　中央獸疫預防委員会于必要時对于各省市間運輸之牲畜及產品得施行檢查

第二章　[illegible]病死亡报告及獸醫或防疫員之派遣

第五条　牲畜之所有人或保管人或担任診斷之獸醫如發現染疫牲畜或疑似染疫牲畜時應报告地方警察或自治机關轉报縣市政府或主管局，縣市政府或主管局應即报告省市獸疫預防委員会並轉报中央獸疫預防委員会。染疫死亡之牲畜如係[illegible]車運載牲畜之所有人或保管人應于[illegible]車最初停止時即向停止地之獸疫預防机關或警察或自治机關或縣市政府或主管局报告。

第六条　縣市政府或主管局于獸疫發現時應即通知該處駐軍倘該處駐軍發現獸疫時亦應通知該管縣市政府或主管局。

第七条　各省市獸疫預防委員会接到獸疫發生报告後應即委派或調派獸醫或防疫員前往實施防疫工作。
中央獸疫預防委員会接到獸疫發生报告後應即委派或調派獸醫或防疫員前往協助防疫工作

第三章　防疫區域之劃定及禁令之解除

第八条　縣市政府或主管局接到獸疫發生报告應即派員調查，經查实後即以命令劃定防疫區域，在防疫區域内得禁止牲畜之出入集聚或宰殺，及其產品死体或染毒物品之搬運，于緊急時得斷絕該區内及該區與區外之一切交通。

第九条　縣政府或主管局于必要時得于防疫區域之附近禁止牲畜之集市或其他集合家畜之設施。

第十条　防疫區域之禁令縣市政府或主管局于接得獸疫預防委員會所派獸醫或防疫員之獸疫[illegible]报告後解除之。

第十一条　實業部軍政部衛生署因預防獸疫之必要得呈請行政院以命令停止牲畜及其產品之出口入口或在國内之運輸。

第四章　染疫牲畜及其死体之處置

第十二条　獸疫預防委員会所派獸醫或防疫員于執行防疫工作時得商請地方政府或駐軍調派軍警團丁協助。

第十三条　獸疫預防委員會所派獸醫或防疫員于獸疫流行時應在防疫區域内檢驗牲畜，施行藥浴，消毒，隔離，死畜解剖，注射疫菌血清及其他防疫上之一切處置。

第十四条　獸疫預防委員会所派獸醫或防疫員于必要時得將染疫牲畜宰殺並應令時报告該管縣市政府或主管局。

第十五条　獸疫預防委員会所派獸醫或防疫員得酌量情形指定埋葬染疫死畜地點並得由縣市政府或主管局規定期限禁止人畜接近該地。

第十六条　牲畜之所有人或保管人應受獸疫預防委員会所派獸醫或防疫員之指揮施行藥浴消毒隔離死畜解剖注射菌苗血清及其他防疫上之一切處置不得將染疫之牲畜或死畜售賣。

第五章　染毒人染毒場所及物品之處置

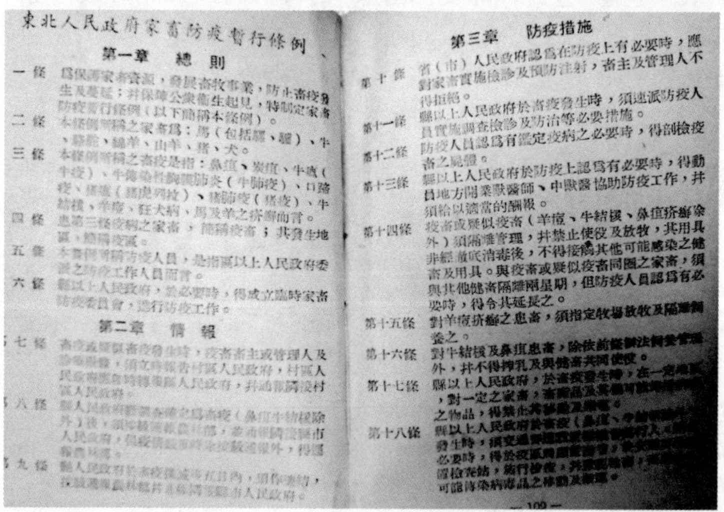

東北人民政府家畜防疫暫行條例

第一章　總　則

一　條　爲保護家畜資源，發展畜牧事業，防止畜疫發生及蔓延；并保障公衆衛生起見，特制定家畜防疫暫行條例（以下簡稱本條例）。

二　條　本條例所稱之家畜爲：馬（包括騾、驢）、牛、駱駝、綿羊、山羊、豬、犬。

三　條　本條例所稱之畜疫是指：鼻疽、炭疽、牛瘟（牛疫）、牛傳染性胸膜肺炎（牛肺疫）、口蹄疫、豬瘟（豬虎列拉）、豬肺疫（豬疫）、牛結核、羊痘、狂犬病、馬及羊之疥癬而言。

四　條　患第三條疫病之家畜，簡稱疫畜；其發生地區，簡稱疫區。

五　條　本條例所稱防疫人員，是指區以上人民政府委派之防疫工作人員而言。

六　條　縣以上人民政府，於必要時，得成立臨時家畜防疫委員會，進行防疫工作。

第二章　情　報

第七條　畜疫或疑似畜疫發生時，疫畜畜主或管理人及[illegible]，須立時報告村區人民政府，村區人民政府應即時轉報縣人民政府，并通報鄰接村區人民政府。

第八條　縣人民政府[illegible]爲畜疫（鼻疽牛結核除外）後，[illegible]，並通報鄰接縣市人民政府，[illegible]

第九條　[illegible]

第三章　防疫措施

第十條　省（市）人民政府認爲在防疫上有必要時，應對家畜實施檢診及預防注射，畜主及管理人不得拒絕。

第十一條　縣以上人民政府於畜疫發生時，須速派防疫人員實施調查檢診及防治等必要措施。

第十二條　防疫人員認爲有鑑定疫病之必要時，得剖檢疫畜之屍體。

第十三條　縣以上人民政府於防疫上認爲有必要時，得動員地方開業獸醫師、中獸醫協助防疫工作，并須給以適當的酬報。

第十四條　疫畜或疑似疫畜（羊痘、牛結核、鼻疽疥癬除外）須隔離管理，并禁止使役及放牧，其用具非經徹底消毒後，不得接觸其他可能感染之健畜及用具。與疫畜或疑似疫畜同圈之家畜，須與其他健畜隔離兩星期，但防疫人員認爲有必要時，得令其延長之。

第十五條　對羊痘疥癬之患畜，須指定牧場放牧及隔離飼養之。

第十六條　對牛結核及鼻疽患畜，除依前條[illegible]外，并不得搾乳及與健畜共同使役。

第十七條　縣以上人民政府，於畜疫發生時，[illegible]，對一定之家畜，[illegible]之物品，得禁止[illegible]。

第十八條　縣以上人民政府於畜疫（鼻疽、[illegible]）發生時，[illegible]必要時，得於疫區[illegible]檢疫站，施行檢疫，[illegible]可能傳染病毒品之移動及[illegible]。

— 109 —

图 2-13　1937—1948 年，主要防控兽疫的变化

疫病，至今也仍然多发。比较来看，《东北人民政府家畜防疫暂行条例》在内容上有较大的调整，对防疫程序进行了规范，对感染羊痘、

疥癣羊的放牧管理，感染牛结核、鼻疽牛的挤乳和使役管理提出了指导意见。增加了4条检疫内容，主要有对疫区附近、家畜交易市场、家畜比赛会、屠宰场进行检疫，对个别疫病进行定点定时检疫。并明确检疫证的颁发。两者都从官方的角度规范了疫病防控的流程。是我国兽医官方管理建立健全的一个重要表现，即通过行政执法进行防疫工作，把防疫列入国家公共安全之列。1945年，农林部还颁布了《防治兽疫之行政及设施》，在行政和设施方面对兽疫防控进行规范。进一步补充了兽疫官方管理条例。

三、现代兽医院兴起与执业兽医管理

兽医行业的发展还体现在兽医院的创建方面，即家畜疾病的临床诊治方面。从工作内容和性质上来讲，这是与中兽医最为接近的。中兽医的执业方式一般都是现场诊疗，即大多是出诊形式，执业兽医虽然是世家形式，但一般来讲，一个家族的主力执业人员不会太多，即人们信任的主治医师较少，当有较多病畜时，相对诊疗效率较低。兽医院与西医院类似，会有很多的医生、护士执业，而且在分科上较为细化，就像把多个兽医世家集中起来，所以在面对大量病畜时，效率高、速度快。中国近代兽医院开始建立（图2-14），如陆军兽医学校附属的病马厂，免费诊治马骡疾病，还有第1至第4家畜病院；新疆迪化也建立了比较完备的兽医院。

1. 家畜病院的兴起和防治疾病统计

在一般地区，家畜病院都是在防疫机构支持下建立的或者属于防疫机构的工作范畴。因为一般来说，家畜病院需要的仪器设备较多，西药造价较高。兽医专业人才也比较少，很难独立创办家畜病院。从档案记录来看（表2-12，表2-13，表2-14），蒙绥地区马、骡、驴、牛是看诊较多的动物；消化器疾病较多，尤其复诊次数远高于初诊次数，说明消化器疾病容易多发、反复发作；马骡驴的呼吸器、运动器和外伤及其他疾病较多，这与它们是运输使役动物有关，容易在运动中发生创伤；传染病相对较少。从西北兽疫防治处的诊疗记录来

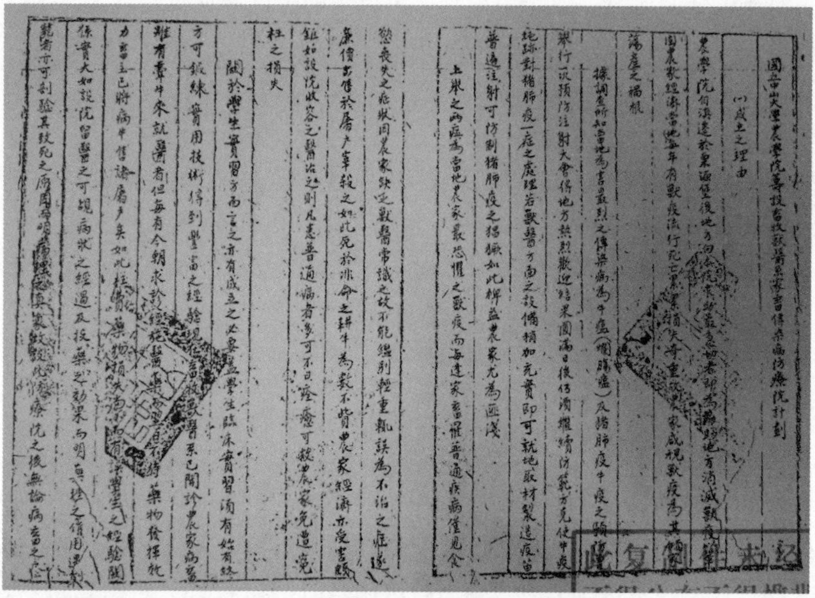
國立中山大學農學院籌設畜牧獸醫系家畜傳染病防療院計劃

(一)成立之理由

图 2-14　中山大学筹办家畜传染病防疗院①

看，甘肃地区、宁夏地区消化器疾病及外伤也比较多发，这与蒙绥地区相似；除此之外宁夏地区的皮肤病和蹄病诊治也比较多。另外除第三兽疫防治队外，其他几处传染病诊治较多。两个记录的诊别分类较为相似，说明当时家畜病院看诊的分类，大致就是这些方面。从治疗手段来看，以投药为最多，其次为敷药，涂擦和发药也比较多，注射和手术较少，这也与看诊较多的消化器、呼吸器和外伤及其他疾病相符。诊疗手段上还是比较多样的；还有眼绷带、吸入等新式治疗方式。

① 广东省档案馆，020-001-37-065~070 国立中山大学农学院附筹设畜牧兽医系家畜传染病防疗院计划［A］

表 2-12　蒙绥防疫处第二兽疫防治队 1938.8 至 1939.6 门诊工作统计表①

畜别	诊别	消化器	呼吸器	循环器	泌尿生殖器	神经器	传染病	运动器	皮肤病	眼疾	蹄	外伤及其他	小计	总计
马	初	186	44	21	6	1	22	32	14	14	7	113	460	1 272
	复	245	121	28	15	3	8	31	36	12	28	285	812	
骡	初	115	22	17	3		10	26	8	10	3	90	304	810
	复	186	70	18	7		5	13	6	6	2	191	506	
驴	初	78	19	5	5	2	8	11	5	5	1	78	217	637
	复	129	52	15	12	5	11	10	10	9	3	164	420	
牛	初	55	10	3	4			4	9	3	2	18	108	293
	复	82	32	9	13			5	8	6		30	185	
羊	初	14	5		3			2	5			3	32	118
	复	29	17		10			7	2			6	86	
犬猪	初	19	2	2				2	2	3			30	59
	复	13	7	6				1		2			29	
统计	初	467	102	48	21	3	40	77	43	35	13	302	1151	3 189
	复	684	299	76	59	8	24	67	77	35	33	676	2 038	
	合	1 151	401	124	80	11	64	144	120	70	46	978	3 189	

施诊	投药	吸入	注射	洗涤	发药	灌肠	涂擦	点眼	眼绷带	包扎	敷药	眼反应	手术	合计
分类	1 425	37	10	91	333	53	358	68	24	139	733	199	39	3 509

① 甘肃省档案局，29－1－373，卫生署，西北防疫处，蒙绥防疫处，西北技艺专校（1940.8－9）［A］蒙绥防疫处工作简报 1938.7—1939.6

表 2-13　农林部西北兽疫防治处治疗牲畜统计表（1942. 12）①

诊别	本处	宁夏	青海	第三	第五	总计
消化器	128	66	25	2		230
呼吸	16	20	9	1		46
循环	2					2
泌尿	6					6
神经		2				2
传染	74	188	160	20	161	603
运动	13	20	3			36
皮肤	17	67				84
脑	8	1				9
蹄	9	70				79
外伤及其他	220	558	42	14		834
合计	493	992	239	46	161	1 931

表 2-14　本校兽医院 9 月诊疗状况②

分科	病名	头数	转归	备考
	急性鼻腔加答儿（卡他）	6	治愈	
	慢性鼻腔加答儿（卡他）	5	治愈	
	慢性喉头加答儿（卡他）	4	治愈	
	咽喉头炎	2	治愈	
	感冒	7	治愈	
	口炎	3	治愈	
	急性肠加答儿（卡他）	5	治愈	
内科	慢性胃肠加答儿（卡他）	7	治愈	
	重性胃肠炎	1	倒毙	军政部军务司马
	便秘症	4	治愈	
	骨软症	4	未愈	
	皮鼻疽	2	未愈	
	腹水	1	治愈	
	犬丝虫病	2	不明	
	犬赤痢	2	治愈	以上为内科病

---

① 甘肃省档案局，30-1-292，西北兽疫防治处农林部、西北兽疫防治处兰州工作站等关于报核生物成本计算会议记录，门诊工作月报等的指令、函（1942. 02 - 1948. 10）[A] 西北兽疫防治处生物学制品成本计算表

② 吴观澜 . 本校兽医院九月份诊疗状况［J］. 兽医月刊，1936（1）：29.

（续表）

分科	病名	头数	转归	备考
外科	疥癣	33	治愈	
	湿疹	4	治愈	
	暑疹	1	治愈	
	四肢肤列虞蒙	2	治愈	
	趾骨瘤	1	未愈	
	飞节内肿	1	未愈	
	球节转捩	3	治愈	
	蹄叉腐烂	3	治愈	
	肩跛行	5	治愈	
	蹄冠蹑伤	2	治愈	
	脾臼关节脱臼	1	治愈	
	鬐甲顶鞍伤	3	治愈	
外科	鞍位部肿伤	1	治愈	
	背腰部肿胀	1	治愈	
	腰瘘	1	未愈	
	头部刺创	3	治愈	
	肩胛部挫伤	3	治愈	
	前膊部挫伤	1	治愈	
	下颚骨骨瘘	1	未愈	
	骨折	1	未愈	
合计		126		

上海市与南通学院合办的兽医院在诊疗方面有了明确的规定。门诊是按照动物不同，分时看诊，上午 9：00～12：00 家畜，下午 2：00~5：00 犬猫兔小家畜。看诊费用方面，家畜是每次 5 万元，5 只以上可以八折收费。小家畜初诊每次 1 万元，复诊每次 5 000元，健康检查每次 1 万元。可以出诊，但是要单收往返路费。① 从诊疗费

① 上海档案馆，Q400-1-2392，上海市卫生局与南通学院合办上海兽医院（194711-194803）［A］，p3-4 合办草案，p9-10 诊疗规则

用上来看，按照当时的物价，还是比较便宜的。

2. 执业兽医管理

在兽医执业方面，上海由于租界较多，较早地实行了兽医执业方面的管理。① 对于兽医从业，需要有资质审查，并需要通过考试，考试合格后由卫生局公布合格名单。如果伪造资历将取消任职资格。② 对兽医的调用也做了严格规定。③ 兽医的工作内容规定“卫生事务所防疫课办事细则：疫情查报；甲、传染病报告，乙、造送传染病报告”④“查各私立宰作兽医向系派驻人员担任检验工作除郊区因宰猪数量不多每处自四五只至数十只不等，如新泾真如漕河泾由寿东仁兽医负责检验”。⑤ 参照1940年、1941年上海公共租界公布的兽医注册名录，公开执业的兽医有5名，信息如表2-15。都是受过正规兽医教育的毕业生，两位外国籍的执业兽医还有博士学位。

表2-15　上海公共租界工部局开业医师牙医及兽医⑥

姓名	国籍	毕业时间	毕业院校	学位
居白司泰 Cuperstein Luzer	罗	1934	白鲁塞兽医学校	兽医学博士
刘光坤		1933	实业部上海商品检验局，上海市卫生局共立兽医专科学校毕业	
顾德褒 Goldberg Norbert	德国	1925	柏林高等兽医学校	兽医学博士

① 上海档案馆，U1-2-762，上海公共租界工部局环保卫生检查员关于环卫检查及兽疫情况报告和年度综合报告及菜牛和奶牛存栏数（双）周报表等的文件（188301-188409）卫生［A］Return of animals kept at the native dairies

② 上海档案馆，Q230-1-22，上海市立第一宰牲场关于伪市卫生局令知有关任用人员伪造资历补充解释高中毕业资格审计合格兽医名册公务员进行规划等训令公函（1947-1948）［A］公务员进修规则三十二年十二月二十日考试院公布，合格兽医名册

③ 上海档案馆，Q400-1-3144，上海市卫生局关于兽医工作（1948. 04-06）［A］上海市卫生局兽医调用办法

④ 上海档案馆，Q400-1-3144，上海市卫生局关于兽医工作（1948. 04-06）［A］卫生事务所防疫课办事细则：6

⑤ 上海档案馆，Q400-1-3144，上海市卫生局关于兽医工作（1948. 04-06）［A］卫生事务所防疫课办事细则：20

⑥ 上海档案馆，U1-4-615-54，62，66，上海公共租界工部局开业医师牙医及兽医［A］，一九四一年注册名录，第三次增刊，第一次增刊，第二次增刊；一九四〇年第二次增刊，第一次增刊

（续表）

姓名	国籍	毕业时间	毕业院校	学位
项廷萱		1921	浙江省立农校兽医科学系	
黄道谟		1935	实业部上海商品检验局，上海市卫生局共立兽医专科学校毕业	
吴　正		1933	实业部上海商品检验局，上海市卫生局共立兽医专科学校毕业	

日伪时期，对于兽医执照的颁发，规定如下。没有经过考试或考试不合格者，不能登记。需要考试的科目有“解剖学　生理学　组织学　病理　细菌　药物　外科　内科　化学　传染病　肉品检验　乳品检验　产科”。① 获得国内外公立或认可的私立兽医专业毕业人员，并有证书可以免试。② 在兽医人员的待遇方面，也有相关规定。③ 有一位名为陈舜耕兽医的月薪就是国币1092元。④ 对于兽医待遇，一般都由政府统一进行调整。⑤ 在牲畜买卖方面，一般也需要兽医开诊断书，确定病因等。⑥

从民国时期兽医院的建立和兽医执业来看，与现在的兽医院形式

① 上海档案馆，R50-1-24，日伪上海特别市卫生局有关兽医登记给照开业规则等（1941.05-09）［A］试验科目

② 上海档案馆，R50-1-24，日伪上海特别市卫生局有关兽医登记给照开业规则等（1941.05-09）［A］免试资格“国内官立公立或已立案私立大学兽医科或兽医专门学校毕业领有毕业证书者，国外官立公立或已立案私立大学兽医科或兽医专门学校毕业领有毕业证书者”

③ 上海档案馆，Q400-1-388，上海市卫生局关于中华农学会函请提高兽医人员待遇（1948.01-05）［A］中华农学会第二十六届年会暨农业界各专门学会联合年会卅六年十一月二十三日

④ 上海档案馆，R22-2-359-1，上海特别市第一公署总务处准任用陈舜耘为兽医函卫生处（1944.03.07）［A］“月支本薪国币一零九二元 体检表随后附送”

⑤ 上海档案馆，R22-1-86-345，日伪上海特别市第一区公署会计处为卫生处函请调整前八区兽医优洛赤克待遇事致函总务处（1947.07.07）［A］“关于调整应统一办理，不能单独处理”；上海档案馆，R22-2-483-1，上海特别市第一公署为第八区公署拟调用本署黄国佑兽医复函（1943.10.12）［A］；上海档案馆，R50-1-24-13，日伪上海特别市卫生局管理兽医师暂行规则［A］

⑥ 上海档案馆，Q89-1-7-109，农林部上海实验经济农场关于售牛须经兽医诊断事致生生牧场的函（1946）［A］“1139号坏奶房，1148号难产后阴户脱出无法医治，送卫生局化验出售之十头牛共得价款四万余元，全场奶牛产量保持在750-800磅”

比较相似，诊疗方面，一般以常见病为主，治疗手段上以投喂灌药为主，也有外敷、注射等，形式多样，设施较多。在兽医执业方面，一般官方允许的兽医都有学历和资质的要求，并且要经过考核等，才能颁发营业执照，进行营业。这方面与中兽医相比，有了执业门槛，也对行业发展，有了一定的促进作用。而且与现在的兽医执业也较为相似，便于政府的监管和对兽医业发展的调控。

四、家畜疾病的普查

由于兽医行业的发展，兽医管理和研究人员开始关注全国疾病发生及疫病流行情况，开展了几次比较大规模的普查。主要是西南和西北地区。西南地区主要是川、滇、黔、桂、湘，西北地区主要是甘、陕、蒙、绥。如对贵州 22 县牛瘟流行调查，可发现牛瘟传播广泛耕牛 157 419头，病死 46 060头。咸宁一县羊 101 600只，病死 5 700只。如牛传染性胸膜肺炎，1932 年被传入上海，后迅速蔓延，牛死亡近千头，造成损失达五六十万。后又传至南京、苏州等地，由于上海兽疫防治所及时控制，并未蔓延。此病在东三省、内外蒙古、平津流行较多，山西、绥远、宁夏、甘肃、青海也有发生。1941 年，四川也发现此病。1935 年，牛瘟①、猪霍乱②、猪肺疫③在全国的分布较广，这三种兽疫在全国流行范围较大，已经在内陆地区开始流行。

四川省广元县 1938 年，牛瘟死亡率高达 46%，三台县猪瘟死亡率 33%，1938 年开始设立农业改进所，扑灭牛瘟工作力度较大，降低了猪丹毒死亡数量。民众开始形成防疫意识，主动进行家畜疫病防控。

云南省主要流行的兽疫有：响脖子、牛瘟（1941 年 10 月全省四十余县发现）、大症、鹅口疮（死的极快）、气胀、血皮胀、结起、着水猪瘟、癫病、软脚症、肠炎、马所口疮（土法防治）、急性疮

---

① 吴纪棠．民国二十四年全国牛瘟猪霍乱及猪肺疫之分布（附图表）［J］．畜牧兽医季刊，1937，3（1）：103-107

② 吴纪棠．民国二十四年全国牛瘟猪霍乱及猪肺疫之分布（附图表）［J］．畜牧兽医季刊，1937，3（1）：103-107

③ 吴纪棠．民国二十四年全国牛瘟猪霍乱及猪肺疫之分布（附图表）［J］．畜牧兽医季刊，1937，3（1）：103-107

(土法防治)、皮肤炭疽（土法防治）、慢症（土法防治）、水胀（土法防治）、腹痛（土法防治）、结食、糠结、鼻疽、提腔摔肺、座疮、气热症（土法防治）、羊肝蛭、腐蹄病（土法防治）、偏头风、鸡膈食病（土法防治）、瞎眼病、鸡瘟（土法防治）、泻症（土法防治）。①

广西省主要流行的兽疫有：牛瘟（东部诸县，1940 年死亡共六千头，广西省家畜保育所制造牛瘟血清及疫苗，派各专员公署及县府兽医技佐防治之）、炭疽（较轻）、猪瘟猪肺疫（死亡颇多，无防治）、鸡瘟（死亡惨重，无防治）。相对牛瘟治疗较多。②

湖南省主要流行的兽疫有：牛瘟（各县，土法防治，血清）、瘤胃急性肿胀、乳房炎（土法防治）、炭疽、跌伤（土法防治）、癣(土法防治)、猪瘟（尚未制造猪瘟血清）、猪肺疫（土法防治）、小猪肠炎、鸡瘟（各县，土法防治）、剪毛瘟。③

西北地区传染病方面：牛瘟、马鼻疽、羊痘、牛羊之内外寄生虫诸病、炭疽、口蹄疫、出败、牛之胸膜肺炎、羊肺疫等。牛瘟几乎遍及西北各地；内寄生虫及炭疽主要分布在宁夏、青海东南及甘肃西南一带；牛出血性败血病主要分布在青海北部；羊痘在青海共和贵德、湟源一带有流行；马鼻疽在绥远及青海之共和贵德一带时有流行；山羊肺炎主要分布在宁夏东部各县及柴达木以南地带。④

通过疾病的调查，可以了解全国的畜牧业基本情况和家畜疾病的流行情况，并可针对疾病的流行进行防控计划的拟定。可以有效提升防控效率，针对流行疫病研制有效疫苗与血清等生物制品，为全面控制兽疫发生，提供数据和资料。

① 中畜所畜牧组．湘桂黔滇四省畜牧初步调查报告［J］．中国畜牧兽医汇报，1943，1（1）：53-89

② 中畜所畜牧组．湘桂黔滇四省畜牧初步调查报告［J］．中国畜牧兽医汇报，1943，1（1）：53-89

③ 中畜所畜牧组．湘桂黔滇四省畜牧初步调查报告［J］．中国畜牧兽医汇报，1943，1（1）：53-89

④ 金惠昌．西北畜牧兽医建设［J］．畜牧兽医月刊，1941，1（11）

第四节　兽医学术研究与交流

在行业的发展过程中，学术研究是推进发展进程的重要环节。中兽医更注重实际操作，虽然在方剂的调整上，也有试验总结的过程，但是并没有上升到理论研究环节，大多数还是停留在临床诊疗阶段，一般同行间研究交流较少。西兽医的迅速发展，尤其在疫病上，得益于理论分析和试验环节相结合，创建疾病模型，还原疫病症状，借以找出病因和诊治方案。在病理研究方面的进步，极大地推进了西兽医的发展。西方科学的学术传统，注重研究及其交流，有专门的研究机构和专业学会和期刊等，借以促进学科发展、交流心得、思辨是非。所以，相比较而言，中西兽医的差距，也是因此逐渐增加的。

一、兽医研究机构的创建与发展

中国近代兽医研究机构的创建，源于兽疫较多，对血清生产方面的需求。早期使用的外国生物制品，普遍用量大，效果不显著。20世纪30年代，为了应对广泛暴发的兽疫，尤其是牛瘟、牛肺疫、猪瘟等疾病，上海血清厂成立了研究所，各地也陆续成立了生物制品厂，满足部分地区的生物制品需求，而且生产的品种也在不断变化。在中国近代创建的兽医研究机构，比较有影响力的就是中央农业实验所畜牧兽医系和中央畜牧实验所。

中央农业实验所1932年筹建，畜牧兽医系由程绍迥、吴信法、何正礼等担任技正，其附属的血清制造厂可以生产抗猪瘟血清，设备和技术在当时来说都是比较先进的。1934—1936年与上海血清厂合办兽疫防治所，1941年移交中央畜牧实验所。主要的工作内容是生产抗猪瘟血清和防治牛瘟，尤其在1938年，在牛瘟防治方面卓有成效。并组织了第一届兽疫防治培训班。主要针对猪瘟、牛瘟、猪肺疫、马鼻疽、鸡新城疫等10种兽疫进行讲解。培训了一批兽疫防治人才。

中央畜牧实验所的创建，是定位于领导全国畜牧兽医事业。在重庆筹备创建，分为兽医组、畜牧组、会计室、图书室、文书股、事务股、出纳股等。① 接收了中央农业实验所畜牧兽医系血清制造厂等，研发制造各种牛瘟血清、牛瘟脏器苗、猪瘟脏器苗等。成立兽疫防治大队。推进牛瘟防疫工作。拟定工作计划纲要，并创办了《中央畜牧兽医汇报》。

《中央畜牧实验所组织规程》②

第二条　本所之执掌如下

一、关于全国家畜家禽品种及畜牧兽医技术之试验改良事项

二、关于全国家畜家禽优良品种及畜牧兽医技术之推广事项

三、关于兽疫血清菌苗药品器械之制造及改进事项

四、关于全国兽疫防治之督导，实施事项

五、关于畜牧兽疫之调查事项

六、关于家畜家禽及肉品之检验事项

七、关于畜牧兽医人员之训练事项

八、关于其他畜牧兽医事项

第十一条　本所为训练畜牧兽医人员，得举办短期训练班

第十二条　本所为畜牧兽医事宜之改进及推广，得择适当地点，设立厂处及工作站，其组织规程另订之

第十三条　本所对于全国各公私立畜牧兽医机关及农业机关之兼理畜牧兽医者，得予以指导督促及协助

第十四条　本所得与各大学农学院，或其他公私立畜牧兽医机关，合作解决特种畜牧兽医问题

第十五条　本所得受公私团体委托，代为短期训练畜牧兽医人员，或协助解决特种畜牧兽医问题

具体工作内容：湄潭血清制造厂制造兽用血清菌苗、大量制造抗牛瘟血清及菌苗（全年制造抗血清 50 万毫升，牛瘟脏器苗 30 万毫升）、兽医用具制造厂制造兽医用具（拟制煮沸消毒器 10 具，50 毫升针头两打，剪毛刀 20 只，板锯 5 根，弓锯 5 根，骨斧 5 只，打锤 6

① 蔡无忌．农业部中央畜牧实验所筹备经过［J］．中央畜牧兽医汇报，1942，1（1）

② 蔡无忌．农业部中央畜牧实验所筹备经过［J］．中央畜牧兽医汇报，1942，1（1）

只，骨凿6把，解剖刀6把，骨钳12把，5月开始，年终可全部完成)、兽疫防治大队协助各省防治兽疫（主要防治兽疫有：牛瘟、牛结核病、牛传染性胸膜肺炎、传染性流产病、炭疽、猪瘟及猪肺疫，划定疫区、省市成立防疫机构、紧急防疫队、宣传防疫常识、组织兽疫情报网、推动国民政府公布之《兽疫预防条例》，调查全国各地兽疫防治机构，印发有关兽疫防治之小册子若干，协助全国常识宣传，拟定全国兽疫情报网组织计划，先于川黔湘鄂兽疫防治总站试行)、菌苗血清制造研究（有效猪菌苗、经济适宜本国牛瘟脏器苗制造方法、牛瘟血清效力、寄生虫研究、经济有效治疗方法)。首先是帮助云南地区，建立兽疫防治机构。并对兽疫流行地区，进行疫病防控。①

中央畜牧实验所的成立，对全国的家畜疫病防治工作，有了系统的推进。到中华人民共和国成立前，中畜所在牛瘟弱毒苗研制、猪丹毒、猪副伤寒研究、猪瘟疫苗、猪肺疫疫苗的研究方面，进展较大，研制出的产品效力高，用量少，成果显著。尤其在牛瘟防治方面，取得的成果较为突出，还参与国际防牛瘟会议交流。

二、兽医学术研究成果探析

从传播的视角来看，兽医学术研究和成果的传承除了机构和人以外，最常规的传播、交流手段是出版物。我们可以通过每个时代的出版物，来分析探究当时社会的信息，既包含出版物本身所表达的内容，也包括出版物所处的时代背景，经济、社会、政治等一系列内容。

晚清时期，比较著名的兽医著作是李南晖著的《活兽慈舟》，该书于1873年刊印出版，按照牛、水牛、马、猪、羊、犬、猫不同动物，分别论述病症达240种，有中医方700多个。② 作者生活在18世纪的四川省，曾经出任过县令，对中兽医的传承与发展起

---

① 蔡无忌．农业部中央畜牧实验所筹备经过［J］．中央畜牧兽医汇报，1942，1（1）；畜牧兽医新闻［J］．中央畜牧兽医汇报，1942，1（2），“西康各县有牛瘟发生，本所拟调二防疫分队前往工作，予以扑灭”

② ［清］李南晖著，四川省畜牧兽医研究所校注．活兽慈舟［M］．成都：四川人民出版社，1980

到了很重要的作用，同时从侧面反映了当时兽医常见病及其诊治。中兽医对病症的命名多与症状和发病器官相关，大多数为动物的普通病。

（一）民国时期兽医专著

从西兽医传入中国开始，兽医著作也逐渐增多。1911 年，陈滋著的《家畜病医治法》（上海新学会社）是较早的兽医学正式出版物，还有《兽医新编》（1913 年，赖昌，上海科学书局）、《兽医学》（1918 年，关鹏万，商务印书馆）、《兽医易知》（1919 年，中华书局）等。

1. 《兽医学》①

该书民国七年（1918 年）6 月初版，民国二十四年（1935 年）1 月第一版，到 1947 年已经出版到第六版，是初级农业职业学校教科书，可以充分证明其作为初级教材的实用性，其主要参考多位日本兽医专家的著作和赖昌的《兽医新编》，到 1947 年的版本仍沿用竖版。但装订方式已经改为现代折页方式胶订，58 页，字号较大约为 4 号字，开本较小，32 开，便于携带和阅读，说明当时的印刷方式已经发生了转变（图 2-15）。

绪论②着重表达了兽医的重要性。全书共分九章：兽医学之定义、健康之意义及检查法、病原论、症候及诊断、治疗之方法、药物论、内科诸症及治疗法、外科诸症及治疗法和免疫论。从内容结构来看，符合教材的模式，从学科定义开始，让读者了解兽医学的研究内容：家畜的疾病原因及治疗、其他种种事项。还有兽医学的分科：解剖学、组织学、生理学、病理学、药理学、内科学、外科学、外科手术学、产科学、寄生虫学、蹄病学、细菌学等。③

---

① 关鹏万．兽医学［M］．上海：商务印书馆，1918

② 关鹏万．兽医学［M］．上海：商务印书馆，1918：1；“医学于畜牧产家，农业家，国家卫生，公众卫生等，皆有关系之一学科也。盖家畜动物，一日罹病，畜产家则有损经济，农业家则有妨利用，且动物之病。每易传染。不惟传染于同种，并常传染于他种家畜。又不仅传染于他种家畜，且常传染于人。而有害于社会。例如癫犬之噬人，牛之肺结核等，皆足以致人类之传染者也。又吾人食料所需之乳肉，亦皆取之于家畜，其乳肉中有无病菌存在。亦必藉兽医学以证明之，推而至于军马之有关家国安危，预防其疾病，研究其改良番殖，亦非明兽医学不可。是则兽医为重要之一学科可知矣。”

③ 关鹏万．兽医学［M］．上海：商务印书馆，1918：2

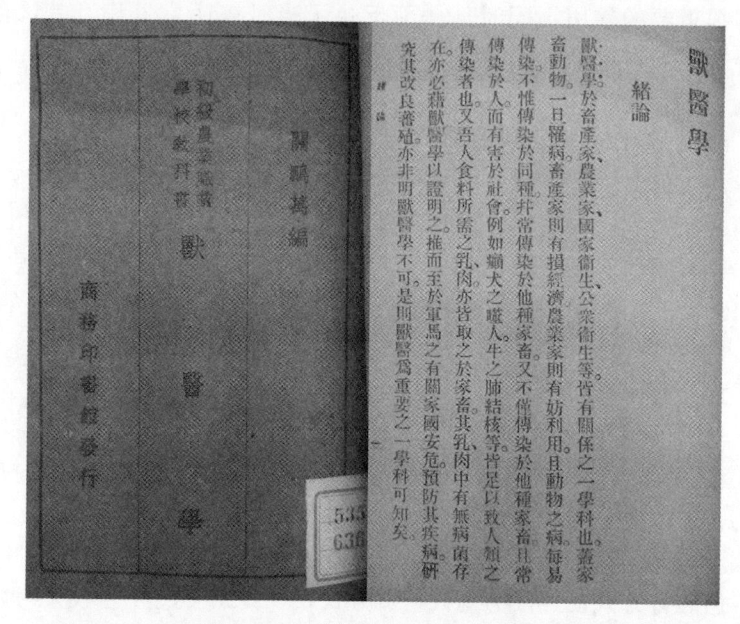
初級農業職業學校教科書
關鵬萬編
獸醫學
商務印書館發行

獸醫學

緒論

獸醫學於畜產家、農業家、國家衛生、公衆衛生等皆有關係之一學科也。蓋家畜動物一日罹病畜產家則有損經濟農業家則有妨利用且動物之病每易傳染。不惟傳染於同種并常傳染於他種家畜又不僅傳染於他種家畜且常傳染於人而有害於社會。例如癲犬之噬人牛之肺結核等皆足以致人類之傳染者也。又吾人食料所需之乳肉亦皆取之於家畜其乳肉中有無病菌存在亦必藉獸醫學以證明之推而至於軍馬之有關國家安危預防其疾病研究其改良蕃殖亦非明獸醫學不可是則獸醫為重要之一學科可知矣。

緒論　一

图 2-15　《兽医学》封面及绪论

健康检查部分包含了体温、呼吸、循环、消化道和神经系统，提供了马、牛、羊（山羊）、猪、犬、猫、禽的相关指标。数据较为准确。① 病原论部分根据遗传因素、品种、性别、年龄、使役及其他因素等对疾病发病的影响进行探讨，并在论述中举例说明。② 又从环境因素方面解读动物的发病原因，包括饲料饮水、地质地势、空气季节、机械损伤、寄生虫细菌病和中毒等。③ 论述各方面都言简意赅。

诊断和治疗方面简要介绍了一般疾病的诊断方法和治疗理论基础。药物论则介绍了药物的功效，制药类型和药物用量。④

在内科疾病阐述方面，主要按照系统分类：神经系统、呼吸系统、消化系统、内分泌系统、运动系统、皮肤病。⑤ 每个部分介绍疾

① 关鹏万. 兽医学［M］. 上海：商务印书馆，1918：3-8
② 关鹏万. 兽医学［M］. 上海：商务印书馆，1918：10-14
③ 关鹏万. 兽医学［M］. 上海：商务印书馆，1918：14-22
④ 关鹏万. 兽医学［M］. 上海：商务印书馆，1918：23-32
⑤ 关鹏万. 兽医学［M］. 上海：商务印书馆，1918：33-48

病四五种，包含症状和治疗方法，用药多为西药。

外科疾病分为挫伤、创伤、断裂、骨折、蹄病。在挫伤胸肿的部分提到了外科手术。而在创伤部分则主要介绍创口的处理办法：止血、去脓、创口整理、去除异物。即正常外科处理的基本操作。在断裂部分分别介绍了筋肉断裂和血管断裂两种处理方法。关于骨折部分没有介绍外科手术的术式，只介绍了骨折的复位和保定，所以只适合一般非开放式骨折的处理。① 所以从本书的内容来看，当时还不具备外科手术的条件。

免疫论方面主要从天然免疫和人工免疫来介绍，同时对疫病的处理上提出了建议。只有一句话。② 从内容来看，只介绍了免疫学的基本理论，并未介绍动物疫病，可见本书的全面性上还有所欠缺。由此可以看出，当时动物疫病防控、检疫方面还有待完善。

从本书的全部内容分析，本书作为针对初级农业教育编写的教材，注重诊病的实用性，以内外科常见病为内容，让学生可以了解兽医学的基础知识。而疫病方面，当时很多疫病没有解决的方法，所以一般只能采取隔离方法，避免更多的经济损失。

2.《兽医易知》③

《兽医易知》是中华书局自行编印出版的书籍，竖版线装，形制上还是中国传统书籍的样式（折页印刷，页码实际应120，只标示了60，字号较大，约为小3到4号字，32开，便于携带阅读），封面简洁，封二为新魔术的广告，设计新颖。是一本兽病诊治的书籍，没有太多理论，都是实用性知识（图2-16）。

从书的内容组成来看，总共介绍了马病80种，牛病21种，羊病15种，猪病12种，鸡病21种，其他疾病（鹿、鹤各1种，犬、猫、鸟2种，鉴于较少可以忽略，以下不予列入，但是显示了介绍内容比较全面）；西药一览表；兽类传染病预防规则。细化来看马的传染病7种，外伤7种，内科病62种，寄生虫病4种，牛的传染病7种，内

---

① 关鹏万．兽医学［M］．上海：商务印书馆，1918：49-54

② 关鹏万．兽医学［M］．上海：商务印书馆，1918：57；“使病兽与健兽隔离，以免传染，凡接触病兽之器具、饲料、敷料、粪便等类，亦皆置于一定之所，不可随意取用，或竟烧去。其甚者，凡发生疫病之所，皆禁止通行焉。”

③ 中华书局．兽医易知［M］．上海：中华书局，1919

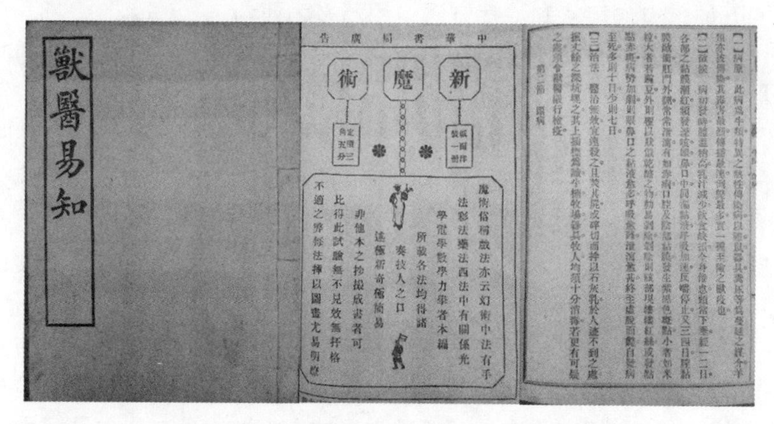

图 2-16 《兽医易知》封面、广告及内容

科病 15 种，寄生虫病 3 种，羊的传染病 2 种，内科病 9 种，寄生虫病 4 种，猪的传染病 4 种，内科病 4 种，寄生虫病 4 种，鸡的传染病 4 种，内科病 13 种，寄生虫病 4 种。具体参见图 2-17。

（1）数据分析

数据显示，在 20 世纪 20 年代，动物疾病诊治从品种上来说，马占据首要地位，因为冷兵器时代，世界各国马都是战争中不可或缺的物资，骑兵在战争中有速度的优势，中国从唐代开始，就有官方兽医教育，马医归属于太仆寺，是古代兵部下属的部门，主要负责军用马匹。清代，太仆寺和车驾司是负责军用和驿用马匹，多年来有较多的积累。《兽医易知》中，马病有 80 种之多，占 54%，牛和鸡都占到了 14%，这与当时逐渐开展的规模化饲养，尤其是城市周边的规模化饲养相关。马病中有 62 种都是马的普通病也就是内科病，占马病的 77.5%，从疾病的分布比例也可以看出，有 103 种内科疾病，占疾病总数的 67%，说明疾病的诊治还是集中于普通病。因为普通病便于辨证论治，传染病和寄生虫分别占到 16% 和 12%。说明病原鉴定水平在提高。其中寄生虫病以体外寄生虫为主，因为易于肉眼观察。

（2）内容分析

在疾病诊治的描述上，一般包括三部分内容：病原、症候、治法。传染性疾病和寄生虫病提到了病原，当然也有一些限于当时的科学水平，描述的不准确。例如：猪罗斯疫，从病症和反应来看，笔者

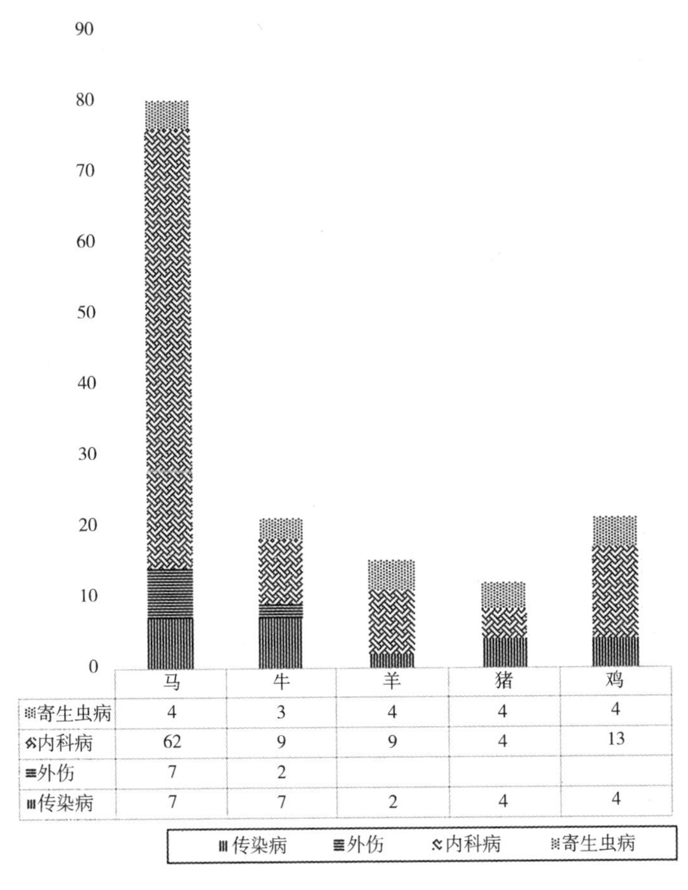

	马	牛	羊	猪	鸡
寄生虫病	4	3	4	4	4
内科病	62	9	9	4	13
外伤	7	2			
传染病	7	7	2	4	4

图 2-17 《兽医易知》中各种动物疾病分布情况

认为是猪瘟，该病病原写的是一种细菌，这显然不准确。如鸡赤痢，从症状来看，笔者认为是球虫病，该病病原认定是一种原虫，没有细化到球虫。但已经有了很大的进步，能够通过一些手段检测到病原是兽医科技的显著进步。

个别烈性传染病（如牛瘟）当时没有治疗手段，主要是以预防为主，都提到了注意隔离消毒。后面还有《兽类传染病预防规则》29 条。对隔离、运输、放牧等方面都进行了规范，而且对疫病发生要求兽医诊察，不能隐瞒，已经有了防疫检疫的雏形思想。对于感染烈性传染病家畜的扑杀及相关器具处理也做了规定。突出了兽医的监查和诊治的执业作用。对于饲养的周围环境动物，也进行了要求如传染病地方之犬猫鸡鸽等均应禁止放饲。① 相对《兽医学》已经有较为完备的防疫和疫病处理理念。

从治疗上来看，猪罗斯疫开始使用血清治疗（罗氏血清，二钱六分，右如前注射）。② 还有一些传染病，已经开始使用注射免疫。如牛的传染性胸膜肺炎和牛结核病，通过皮下注射咨培尔古林（Tuberculium，即胸膜肺炎弱毒苗和结核菌素），一方面可以进行牛群的阳性检疫，另一方面可以预防感染。③ 治疗方剂来看，以西药为主，从用药上来看，一般是对症治疗，注意抗菌、消炎、止痛、解痉。有几个病症，还有中兽医方剂如下④。

马疥癣（牛疥癣，猪疥癣），提到了3个中兽医方：

①荞麦烧灰淋汁，硫磺少许，右拌和涂擦可愈。

②煮乌豆汁（一作乌头汁），热洗五度瘥。

③藜芦为末，水调涂，甚妙。

马蝇，提到了2个中兽医方：

①轻粉，砒石，各一分同研末，木灰二十分，同入烟草煎汁调和涂擦。

②以胡麻油涂之，即愈。猪油亦可。

马蹄叉腐烂，提到了1个中兽医方：

紫矿少许，捣碎为末，猪油调和，纳入蹄中，烧铁蓖烙之，立效。

马月盲，提到了1个中兽医方：

青盐，黄连，马牙硝，蕤仁各等分，右同研为末，用蜜收膏，入瓷瓶，以井水化点眼。

牛传染性鹅口疮（牛口蹄疫），提到了2个中兽医方：

①南星，朴硝，黄柏皮，郁金，雄黄，滑石，寒水石，半夏，各等分，右为末，蜜水调刷口内，治口内生疮。

---

① 中华书局．兽医易知［M］．上海：中华书局，1919：59

② 中华书局．兽医易知［M］．上海：中华书局，1919：45

③ 中华书局．兽医易知［M］．上海：中华书局，1919：33-34

④ 中华书局．兽医易知［M］．上海：中华书局，1919：18，20，23，30，35，36，42，45，49

②滑石，川硝，青黛，白郁，黄柏皮，山豆根，寒水石煨，右为细末，用蜜调抹。

牛鼓肠，提到了1个中兽医方：

研麻子取汁，温令微热，灌之，五六升许，食生豆腹胀垂死者大良。

羊疥癣，提到了2个中兽医方：

①先以洗净瓦片刮疥癣，令红，烧葵根为灰，煮醋至微热，涂之，以灰厚敷，再上愈。

②锅底烟煤及盐与桐油各二两，调匀涂之。

猪罗斯疫，提到了4个中兽医方，如：

大黄，黄芩，黄柏，栀子，连翘，柴胡，苍术，各三两，右水三大碗，煎一碗，灌之，自愈……

鸡霍乱，提到了3个中兽医方，如：

巴豆一粒，捣极碎，香油调，灌入口，即愈……

从疾病的分布来看，马疥癣（牛疥癣、猪疥癣）、马蝇和羊疥癣都是体外寄生虫病，在中兽医的诊治中，也是易于辨证和治疗的疾病，治疗方法以外涂为主，所以中兽医方剂仍能发挥作用。马蹄叉腐烂、马月盲、牛鼓肠是内科病也是常见病，所以中医兽医方剂也会有一定的治疗作用。牛传染性鹅口疮（牛口蹄疫）、猪罗斯疫（猪瘟）和鸡霍乱（鸡出血性败血症，鸡瘟）是三种动物中传染比较广泛的病症，虽然前两种是OIE（世界卫生组织）确定的A类传染病，但是显然两种疫病都有温和型，所以有治愈的可能。而后一种是B类传染病，是由巴氏杆菌引起的，从中兽医方剂来看，主要是通过巴豆泄下，排出病原菌，达到治疗目的。由此可见，在动物疫病的治疗方面，中兽医经过经验的积累，也有疗效较好的方剂，但对于病程短，发病快，传染性烈的动物疫病则没有什么解决办法，如牛瘟。

从这些中兽医方剂来看，一般用药较少，制作简单，易于操作和处理，疗效明显，且价格低廉，对于养殖户来说是很好的选择，尤其是在当时，北洋军阀各方混战，各地民众都饱受战争困扰，战时的物资紧张，更加凸显了中兽医资源的宝贵，这也是中西兽医融合的重要表现。

《农业丛书》中介绍了9种内科病和10种外科病。另外还分眼科病、蹄科病和产科病，还有传染病。在传染病部分，提到了牛结核病、加拿大马痘、马流行性感冒、家禽虎烈拉；牛马羊豕之放线菌病、马脓疱口炎、家禽之实夫地里、牛羊马犬之薄鲁拿病；牛疫、炭疽、气肿疽、皮疽、传染性胸膜肺炎、流行性鹅口疮、羊痘、豕虎烈拉、罗斯疫、狂犬病。这些都是常见的家畜疫病，只是与现在的翻译稍有不同。比如豕虎烈拉应该是猪霍乱，罗斯疫应该是猪瘟。

3.《家畜传染病学》①

该书是应用科学丛书的一本，从封面来看，已经开始有设计图案，与现在的图书较为相似，大32开，现代排版方式，字号约为小5号字。在扉页上吴信法名字后边标注了他国立中央大学学士的学位。该书参考的内容有英美的兽医学诊治方面的著作、杂志和罗清生、程绍迥的家畜疫病著作。相较于之前著作参考日本兽医学相关内容，又更加直接地引入西兽医的研究理念。该书于民国三十七年（1948年）8月再版，仍在发行。也充分证明了其实用性和科学性（图2-18）。

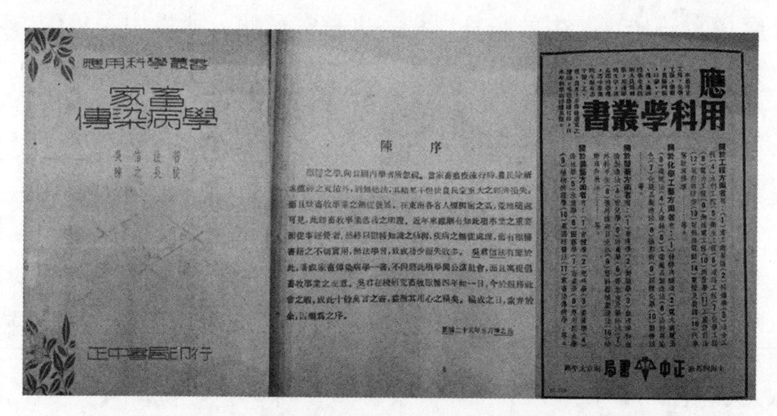

图2-18 《家畜传染病学》封面、序及丛书介绍

① 吴信法著，陈之长校．家畜传染病学［M］．南京：正中书局，1936

从该书的序可以看出出版目的。① 当时国内比较忽视兽医学，而且家畜瘟疫流行，农民没有有效解决瘟疫的办法，只能寄托于神灵，遭受的经济损失重大，而且也导致畜牧业发展缓慢，而且以前的兽医书籍一般都不是很实用，不能解决实际问题。吴信法接受畜牧兽医教育 4 年，对家畜传染病颇有研究，他编写的这本书，可以有效解决家畜瘟疫问题。② 而在吴信法的自序中，则是表达了他对当时家畜疫病暴发导致的经济损失痛心疾首，希望通过这本书，让传染病知识可以普及，让民众建立防疫之概念，并且可以通过正确的方式诊治传染病，进而发展畜牧业。③

《家畜传染病学》成书之际，正是抗战时期，战争频仍，人们饱受战争的困扰，畜牧业也受到了很大的影响，再加上疫病的传播，即便在东南经济发达、人口密集的地区，随处可见的荒地也昭示了当时经济的萧条④。西兽医虽已引入中国三十余年，但是在家畜传染病防控方面，仍然存在许多问题，对疫病相关的预防、治疗、控制方面的知识，仍不能广泛传播。该书的目的，就是能够普及兽医知识，让民众了解家畜传染病的发生和传播，对兽疫能够做到防大于治，减少不必要的经济损失，尽量避免给人民的生产和生活带来困扰。

---

① 吴信法著，陈之长校．家畜传染病学［M］．南京：正中书局，1936，陈序：“兽医之学，向为国内学者所忽视。当家畜瘟疫流行时，农民除祈求瘟神之宽佑外，别无他法，其结果不但使农民蒙重大之经济损失，而且致畜牧业之无从发展。在东南各省人烟稠密之区，荒地随处可见，此即畜牧事业落后之明证。近年来虽渐有知此项事业之重要而从事经营者，然终以兽医知识之幼稚，疾病之无从处理，旧有兽医书籍之不切实用，无法学习，致成功少而失败多。吴君信法有鉴于此，著成家畜传染病学一书，不但将此项学问公诸社会，而且寓提倡畜牧事业之至意。吴君在校研究畜牧兽医四年如一日，今于服务社会之暇，成此十万余言之书，益徵其用心之精矣。稿成之日。索并于余，因乐为之序。”自序：“防治兽疫，是振兴畜牧事业的主要工作。”“我国遇家畜瘟疫突发时，每蔓延扩大，死亡盈亿，任病疫自发自诚，无法防治。此固由于政府的疏忽，然国内兽医事业之不普通，与夫一般人士的缺乏兽医知识，迷信鬼神，亦为主要的原因。因此既不能防患于未然，又不能治疫于既发，只有束手而待家畜之毙，一切听之于天命。故普及兽医知识，实亦生产教育中的重要任务，本人编辑此书之主旨，亦即在此。”

② 吴信法著，陈之长校．家畜传染病学［M］．南京：正中书局，1936，陈序

③ 吴信法著，陈之长校．家畜传染病学［M］．南京：正中书局，1936，自序

④ 吴信法著，陈之长校．家畜传染病学［M］．南京：正中书局，1936，陈序

（1）数据分析

从介绍动物的品种来看家畜急性疫病30种，马9种，牛11种，羊4种，猪6种，鸡4种，犬3种；幼畜急性疫病8种，马2种，牛3种，羊1种，猪1种，鸡1种；家畜慢性疫病7种，马3种，牛5种，羊2种，猪1种；家畜寄生虫病11种，马4种，牛5种，羊1种，猪2种，鸡2种（图2-19）。

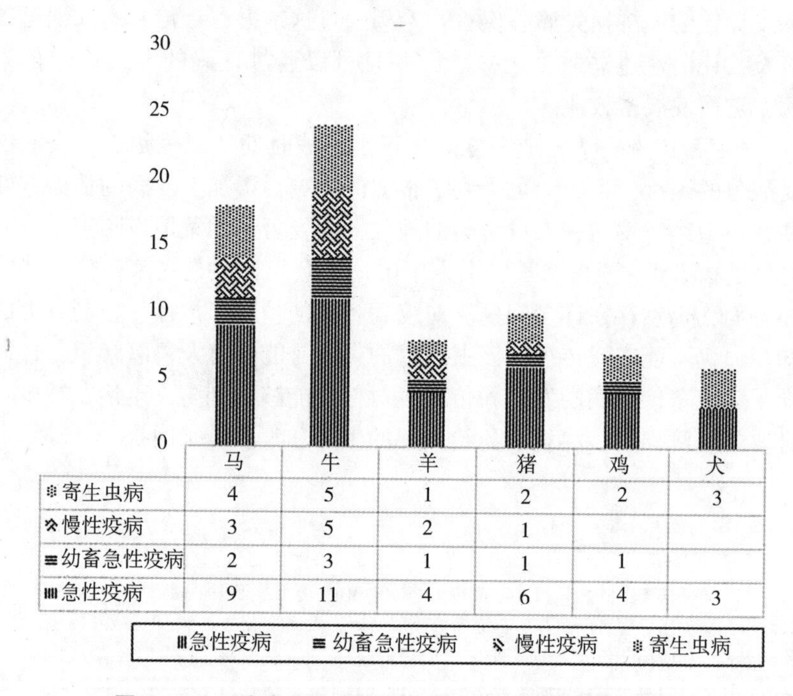

	马	牛	羊	猪	鸡	犬
寄生虫病	4	5	1	2	2	3
慢性疫病	3	5	2	1		
幼畜急性疫病	2	3	1	1	1	
急性疫病	9	11	4	6	4	3

图2-19　《家畜传染病学》中各种动物疾病分布情况

从各种家畜疫病数量上来看，相对于1919年出版的《兽医易知》，1936年的《家畜传染病学》介绍的家畜疫病数量增加较多，说明对于每种家畜的疫病了解有所增加，其中增加比较突出的是牛的疫病，对牛的疫病的介绍超过了马的疫病，由此可以看出，当时牛的疫病受到的关注较多，发展也较快。从寄生虫病的数量来看，与20世纪20年代差别不大（图2-20）。

（2）内容分析

从书的内容来看，绪论中介绍了疫病的发病原理和传播途径，从

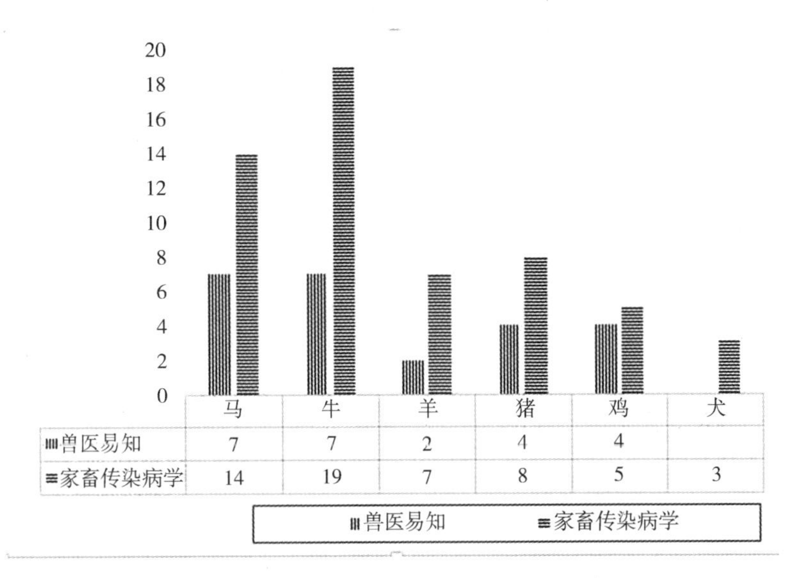

图 2-20　两种著作中家畜疫病的品种分布

理论上让读者了解家畜疫病的发生发展。以后各章中根据病程的长短分别介绍了多种家畜疫病。其中对于幼畜的急性疫病单用一章介绍，说明当时对家畜疫病的研究更进一步，开始注意疫病除了对不同畜种侵害不同外，畜禽的年龄不同所易感的疫病也有所不同，便于更精准的预防家畜疫病。还有一章专门介绍家畜寄生虫病。附录中介绍了兽疫血清、预防液、诊断液的相关知识和兽疫血清制造机构，还有家畜的生理指标、各种兽疫的潜伏期及全国牲畜疾病的调查和诊病记录。相对《兽医易知》来说，对家畜兽医的了解更为全面和准确，这些都充分表明当时兽疫研究有了突破性的进展，相对 20 世纪 30 年代以前，兽医学发展是在家畜普通病的诊治方面，是全盘接受西兽医的诊断、用药的过程，通过使用西药提高了疾病的治愈率，但是中药方剂在很多家畜常见病中仍然起到一定的作用，20 世纪 30 年代以后，兽医学的发展重点是兽疫的防控，大量的专著、期刊传播兽疫研究内容。

从家畜疫病的论述上，与《兽医易知》不同，该书主要根据病原的不同进行论述，对于多种家畜都会感染的疫病，放在同一节中，分别介绍不同家畜的症状及诊治和预防的方法，有一定归纳总结和比较的作用。而且在该书中，在文字描述后配图，更加生动形象地显示了家畜发病的状态和诊治过程，有从其他著作中转载的图片（原书38页，乳牛患牛传染性胸膜肺炎已近二月，采自程绍迥先生著《中国牛传染性胸膜肺炎》），也有手绘的症状图（原书9页，马害破伤风的情形），还有家畜发病的照片（原书11页，美利诺羊害恶性水肿时的病状，罗清生先生摄），脏器解剖图（原书53页，猪霍乱），注射示意图（原书104页，鸡肉髯皮内注射结核菌素的情形），等等（图2-21）。寄生虫研究方面，有了一定进展，即寄生虫的种属等，但是还没有相关寄生虫的图片和生活史的介绍。在家畜疫病的各个方面论述都有所增加，病原方面介绍更为详尽，在治疗方面很多都提到了血清疗法和预防免疫。与《兽医易知》相比有很大的进步。综合附录内容，我国兽疫防治用血清制造的机关有：实业部中央农业实验所和上海商品检验局合办的兽疫防治所、青岛商品检验局血清制造所、广西南宁牲畜保育所、实业部中央农业实验所畜牧兽医系，以及血清、预防液、诊断液的使用方法和剂量的介绍等，说明当时中国已经具有生产家畜疫病相关的生物制品的能力，同时也表明20世纪30年代，中国兽医业的发展重点在于兽疫研究。在病症和剖检变化方面描述较为准确，加上配图说明，更方便读者理解，并于指导实际操作。

（3）与《家畜传染病学》① 的比较

《家畜传染病学》（1937年，罗清生，中国兽医学会）作者是中央大学畜牧兽医系兽医学罗清生教授。罗清生教授是中国现代兽医教育和家畜传染病学的奠基人之一，他早年毕业于清华学堂，后赴美留学，获美国堪萨斯州立大学兽医学士②，回国后在东南大学（后改为中央大学）任教授。他十分重视现代兽医科技的引进与传播，1935年主持创刊了《畜牧兽医季刊》，并担任主编，刊发畜牧兽医相关研

① 罗清生. 家畜传染病学［M］. 兰州：中国兽医学会，中央大学农学院畜牧兽医系，1937

② 有些介绍中说罗清生教授是美国堪萨斯州大学兽医博士，但是在这本《家畜传染病学》的扉页上印有罗教授的介绍：美国甘沙士大学（Kansas State College）兽医学士，国立中央大学农学院畜牧兽医系兽医学教授

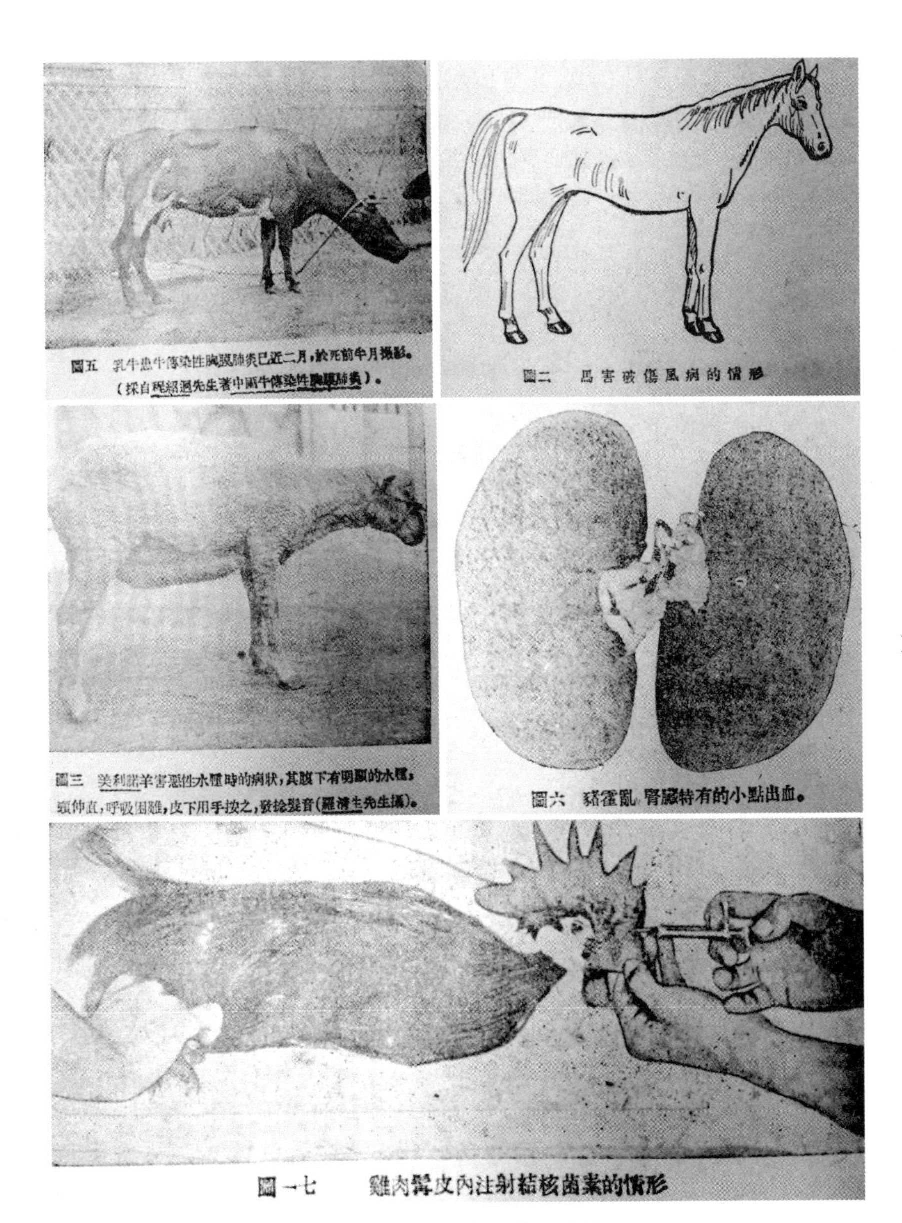

图 2-21　《家畜传染病学》中的配图

究和新闻资讯等；1936 年，他推动创建了中国畜牧兽医学会，促进业界专家交流学习。1940 年，与陈之长等集资筹建了中华畜牧兽医出版社，致力于畜牧兽医图书和期刊的出版。在兽医科技的传播方面，他做了很多开创性和有实效性的工作。并在 1958 年，创办畜牧兽医图书出版社、任社长，出版了大量畜牧兽医书籍。

从介绍的疫病数量来看，与《家畜传染病学》（吴信法，1936）45 种家畜疫病和 11 种寄生虫病相比，《家畜传染病学》（罗清生，1937）介绍 39 种家畜疫病和 5 种寄生虫病。每个家畜品种疫病数量如下（表 2-16）。从内容上来看，除了病原、症状、治疗还介绍了剖检变化，在寄生虫部分，介绍了寄生虫的生活史，这比吴本《家畜传染病学》研究更为深入。内容介绍更为详细充实。但是仍然没有配图。

表 2-16　家畜疫病分类

疾病分类	马	牛	羊	猪	鸡	犬
疫病	13	18	10	10	9	3
寄生虫病	5	4	2	2	2	1

该书所介绍的内容与《家畜传染病学》（1936 年，吴信法，正中书局）内容较为相似，除了家畜常见疫病也包含了寄生虫病，只不过在家畜疫病的分类方面，是先按照疫病大类介绍，比如炭疽（Anthrax）、恶性水肿（Malignant edema）、出血性败血病（Hemorrhagic Septicemia）、幼畜败血病（Septicemic affections of newborn animals）、马流行性感冒（Influenza of horses）、犬热病（Distemper of dogs）等，在这些疫病中，再分不同动物进行介绍，比如出血性败血病分为鸡出血性败血病（Fowl cholera）、黄牛出血性败血病（Hemorrhagic Septicemia of cattle）、水牛出血性败血病（Buffalo disease）、羊出血性败血病（Hemorrhagic Septicemia of sheep）、猪出血性败血病（Swine Plague）。因为作者是美国留学归来的兽医博士，所以在家畜传染病方面，翻译了国外的著作作为教材，有时还会全英文授课，所以书的目录中都标明了疫病的英文名称，便于对照英文资料，在分类体系和图书结构上很有系统性，也

便于鉴别诊断。

另有《家畜传染病学》① （1939 年，贺克，商务印书馆）是高级农业学校教科书，这本书用于浙江省东阳县开设的家畜防疫训练班，由浙江省建设厅委任贺克担任教务，编写此书。竖版排版，103 页。上编为总论，介绍家畜传染病的理论知识。下编为各论，介绍不同动物的疫病，与吴本《家畜传染病学》分类相似。介绍牛传染病 11 种，猪传染病 7 种，鸡传染病 9 种，马传染病 7 种，羊传染病 3 种及犬传染病。内容极为简洁，分为病原、病状、解剖、治疗、预防几个方面。适宜作为培训用书。

（4）与《家畜传染病识别防治手册》② 的比较

《家畜传染病识别防治手册》成书于 20 世纪 40 年代，作者是陆军兽医学校的王石齋，该书以图表的形式，将家畜常见疫病列出来，表格大小为 4 开，内容为竖版排列，包括易感家畜、病名、别名、病原、传染途径、症状、剖检变化、防治几部分内容，简洁易懂（图 2-22）。在剖检变化中着重介绍了各器官的特征性变化，疗法部分大部分还是以血清治疗或预防免疫为主，介绍了环境和家畜的消毒操作，但是没有具体介绍药品的用量，还有早恶性水肿的治疗中提到了外科疗法，切开消毒，比 30 年代用血清和疫苗等又有了一定的发展。但是缺少数据（温度、疾病潜伏期、用药剂量等）。家畜疫病 31 种，寄生虫病 2 种，具体每个家畜品种的疫病种类如表 2-17。寄生虫病相对前两本书较少，只有焦虫和锥虫两种，在疫病的种类上比前两本书稍少，但是在驴骡和犬猫的疾病上比前两本书稍多，这说明在 40 年代驴骡和犬猫疾病相对之前研究更多（图 2-23）。

表 2-17　家畜疫病分类

疾病分类	马	牛	羊	猪	鸡	犬	驴骡	猫
疫病	14	15	13	11	5	6	4	6
寄生虫病	2	2	2	0	0	1	1	0

① 贺克编，程绍迥校订，徐培生校．家畜传染病学［M］．长沙：商务印书馆，1939

② 王石齋．家畜传染病识别防治手册［M］．安顺：陆军兽医学校教育处，1946

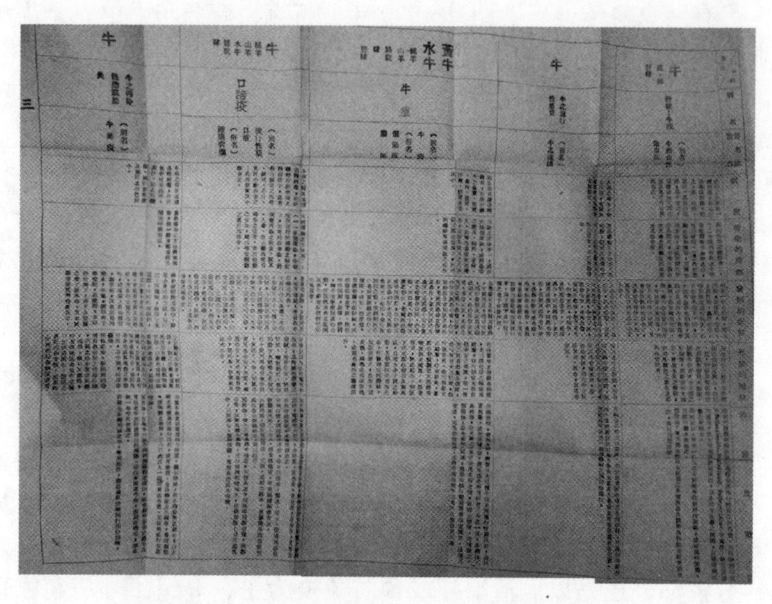

图 2-22　《家畜传染病识别防治手册》的疫病列表

4.《兽医手册》①

该书是油印印刷的书籍，从字体来看，都是手写油印，充分显示了当时出版条件的艰苦。在 1950 年 3 月和 1951 年 3 月分别增订出版二版和三版，其中 1951 年版本是 64 开，精装，突出了该书的便携性（图 2-24）。

从书的内容来看，主要是通过表格形式介绍兽医应知的相关知识。包括动物的生理指标、诊断程序建立、药物相关知识、治疗方法、血清及预防液等使用须知、各种血清、预防液、诊断液的用途及剂量、病理组织的运输、产科知识、兽疫预防条例（民国二十六年（1937 年）9 月前经济部公布）和动物扑杀方法。是除外科知识外，很全面的兽医知识介绍。

从内容来看，相比较前三本书，该书内容介绍更注重速查的作用，对疾病介绍不多，而突出诊断与治疗，兽医药物表解（18～48

① 吴信法，段得贤合编．兽医手册［M］．兰州：国立西北农学院出版组印刷，1944

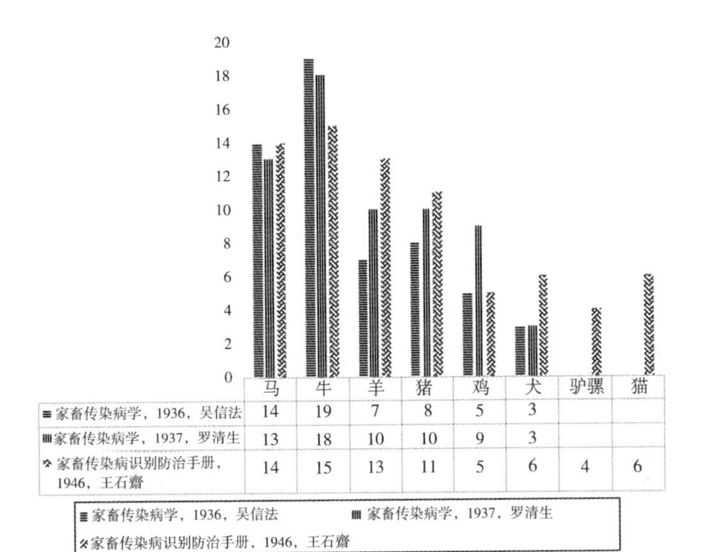

	马	牛	羊	猪	鸡	犬	驴骡	猫
家畜传染病学，1936，吴信法	14	19	7	8	5	3		
家畜传染病学，1937，罗清生	13	18	10	10	9	3		
家畜传染病识别防治手册，1946，王石齋	14	15	13	11	5	6	4	6

图 2-23　三种著作中家畜疫病的品种分布

图 2-24　两版《兽医手册》

页），兽医重要药物之皮下注射剂量（49 页），新药之用途及剂量（50 页）3 个表格介绍了药物的生理知识、配合禁忌、解毒剂、疗效和剂量，投药方法和渠道，药物代谢途径等（图 2-25），说明对西药的了解，不仅限于怎样使用，更突出了药理学和药代学方面的知识，显示了到 20 世纪 40 年代，兽医基础研究有所提升，从页码来看占据本书的 1/3，充分显示了药物研究与使用的重要性。

表十五　獸醫藥物表解

藥物名		生理作用	配合禁忌	解毒劑	療效	劑量
中名	拉丁名					
亞拉伯樹膠	Acacia	有安撫粘膜之功	酒精,鉄鹽,乳酸鉛,硼酸,硼砂,硫酸,甘汞		精力猝衰或重出血,可用溶液注射于靜脈內	為潤藥,用以調製丸劑,乳劑[illegible]劑
安替非布林	Acetanilidum	安撫神經,減低血壓,退熱	Antipyrin, Chloral hydrate, 溴及碘之鹽類,雷鎖辛,薄荷腦,麝香草酚	番木鱉鹼,阿託品	外用有防腐之功,內用退熱,減少痛苦,減輕痙攣	H.C. 4—8 S.F. 2—4 D. 0.2—0.5
非那西汀	Acetphenatidin	安撫神經,退熱		同上	退熱,鎮痛,主治各種熱症及風濕症	H.C. 8—12 S.F. 4—6 D. 0.3—0.6
阿司匹林	Acidum Acetylsalicylicum		鹼類,酸,鉄鹽		似非那西汀	D. 0.3—1
亞砷酸	Acidum Arsenosum	激動神經及血液循環,促進代謝機能及呼吸作用	石灰水,鉄鹽,鎂化合物及鞣酸	洗胃,三氧化鉄酊,重碳酸鈉,氫化鉄,碘化鉀及氯化鉄	痲疹,貧血症,白血病,腺病,慢性淋巴腺腫,神經痛,皮膚病	H. 0.06—0.3 S.F. 0.06—0.12 D. 0.002—0.006
硼酸	Acidum Boricum	殺菌,消毒,防腐			外科用治眼病,耳漏,濕疹,外傷,內用制止腸胃骨酵過多	H. 8—15 F. 1—2 S. 1—2
安息香酸	Acidum Benzoicum	有刺戟皮膚,防腐,利尿,退熱,祛痰之功	鹼類,碳酸銨,鉄鹽,醋酸鉛,氯化汞		風濕症,下痢,膀胱炎,枝氣管炎	H.C. 8—15 S.F. 2—4 P. 2—4 D. 0.3—1
石碳酸	Acidum Carbolicum	殺菌,消毒,防腐,凝結蛋白質		洗胃,硫酸鎂,硫酸亞鉄,硫酸鈉,[illegible]	外科消毒,鎮齒齦痛,濕疹,鵝口瘡	H.C. 1—2 S.F.P. 0.3—0.6 D. 0.03—0.06
檸檬酸	Acidum Citricum	有清涼消渴之功			肝官能不足及腸炎而起之膽病	H.C. 8—15 S.F.P. 2—4 D. 0.6—2

图 2-25　通过表格解析药物

表十六　獸醫重要藥物之皮下注射量

药名	馬	牛	犬
烏頭鹼	.0162—.0648	.0648—.0216	.00064
硫酸阿扑嗎啡	.00162—.0162	—	.00259—.00648
硫酸阿托品	.032—.068	.032—.040	.00064
咖啡鹼	2.00—8.00	4.00—10.00	.0648—.1944
三氯乙醛(水合)*	16.00—32.00	32.00—.0648	.1296—1.63
盐酸古柯鹼	.0648—.1948	.0648—.3240	.0064—.0162
[illegible]	.0162—.0324	.0324—.0648	.0012—.00216
[illegible]	.0081—.0162	.0129—.0216	.00064
[illegible]	.1296—.2593	.2592—.5184	.00064—.0162
硫酸依色林	.0648—.095	.0648—.1944	.00064
硫酸[illegible]	.0081—.0324	.0162—.021	.00064
盐酸嗎啡	.0648—.3888	.1944—.6480	.0081—.0324
硝基甘油	.0648—.1396	.0648	.0016—.0032
盐酸毛果芸香鹼	.0648—.1944	.0648—.3240	.0064—.0162
硫酸番木鳖鹼	.0612—.0648	.0324—.0648	.00064—.00129

*三氯乙醛萬不可行皮下注射！

图 2–25　通过表格解析药物（续）

治疗方法主要介绍了一般疾病的用药，没有赘述疾病的症状内容，而直接给出用药量和用药途径，这说明对于当时兽医执业人员来说，一般病症的诊断已经具有一定的水平，或者说该书的读者是有经验的兽医，便于速查使用（57~72 页，图 2–26）。

在家畜疫病方面，与《家畜传染病学》相比，在《预防液使用须知》中，增加了 1 条“17. 如果某种菌苗，须注射三剂者，则第二针之剂量须比第一剂者大 50%，第三剂比第二剂者大 25%~50%，隔 3~5 日注射一次。”① 已经开始有多次接种免疫，加强免疫效果的做法（74~77 页，图 2–26）。

与《家畜传染病学》相比，去除了加拿大马痘血清、恶性水肿血清、家禽虎烈拉血清和家禽白喉病血清 4 种，增加了牛瘟血清、出败血清、破伤风血清、黑褪病血清、马流行性感冒血清、犊白痢血清、犬瘟热血清、犊副性伤寒血清和羔羊痢疾血清 9 种；诊断液去除了恶性水肿沉淀素血清 1 种，增加了马鼻疽抗原、鸡白痢抗原、副结核菌素、猪丹毒抗原和肉类鉴定用沉淀抗原 5 种。预防液方面在黑褪病、牛瘟脏器苗、破伤风变性毒苗、牛流产病死菌液、牛肺炎菌苗、马脑脊髓膜炎预防液和犬瘟热症预防液有所增加，去除了家禽虎烈拉预防液和家禽白喉病预防液 2 种（78~80 页）。从各种生物制品的变化上来看，恶性水肿、家禽虎烈拉（霍乱）和家禽白喉病在 20 世纪 40 年代有所控制。而相较 30 年代，牛瘟、出败、破伤风、犬瘟热等

① 吴信法，段得贤合编．兽医手册［M］．国立西北农学院出版组印刷，1944：76

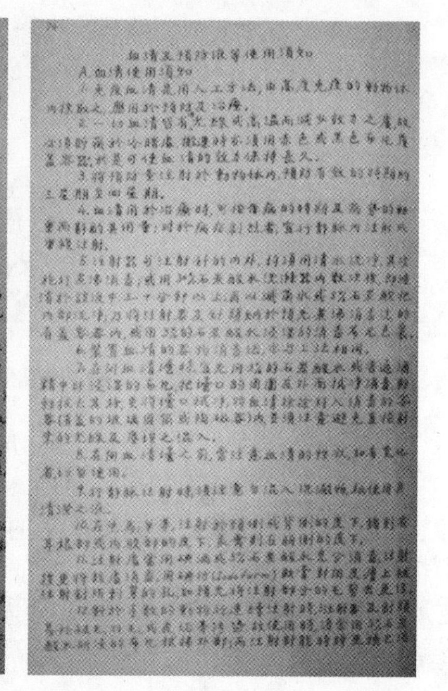

图 2-26　诊疗速查和药物注射接种方法

方面有较大的研究进展，也从侧面反映了 40 年代这些家畜疫病仍然需要防控。

《兽疫预防条例》四章 24 条，规定了防范对象：家畜兽疫，成立了执行机构：中央兽疫预防委员会，并对兽疫报告，疫区划定，染疫牲畜及尸体处理，染毒人及场地物品处理，损失补偿和惩罚等进行了规定。是官方的兽疫防控指南，已经有了现代家畜疫病防控的雏形。主要防控的兽疫有：牛瘟，传染性胸膜肺炎，牛结核病，传染性流产病，猪瘟，猪传染性肺炎，猪丹毒，炭疽，鼻疽及皮疽，口蹄疫，羊痘及其他经中央兽疫预防委员会呈奉行政院指定者。① 而在 1951 年第三版的书中，兽疫主要有：鼻疽，炭疽，牛瘟（牛疫），牛

① 吴信法，段得贤合编．兽医手册［M］．国立西北农学院出版组印刷，1944：92.《兽疫预防条例》第二条 本条例所称兽疫为所列各种：牛瘟，传染性胸膜肺炎，牛结核病，传染性流产病，猪瘟，猪传染性肺炎，猪丹毒，炭疽，鼻疽及皮疽，口蹄疫，羊痘，其他经中央兽疫预防委员会呈奉行政院指定者

传染性胸膜肺炎（牛肺疫），口蹄疫，猪瘟（猪虎列拉），猪肺疫（猪疫），牛结核，羊痘，狂犬病，马及羊之疥癣。[①] 兽疫差别不大，是目前国际兽医局的 A 类、B 类疫病和我国农业农村部发布的一类、二类疫病，说明这些家畜疫病都是全球范围多发，影响力极强的疫病，至今仍是防控的重要疫病。

从两则防疫条例内容来看，《东北人民政府家畜防疫暂行条例》六章 34 条，分为总则、疫情、防疫措施、检疫、奖惩和附则，对疫病控制反馈方面提出时间的要求，疫病扑灭 5 日内须总结汇报疫情。[②] 总体内容有较大的调整，更清晰规范地表述了防疫程序，并且对具体的疫病提出了指导意见，包括羊痘、疥癣的放牧管理，牛结核、鼻疽的挤乳和使役管理，以及除此之外的疫病隔离管理。而且增加了 4 条检疫内容，对疫区附近、家畜交易市场、家畜比赛会、屠宰场进行检疫，对个别疫病进行定点定时检疫。在检疫后发给检疫证。从官方的角度对家畜疫病进行预防，也会通过这些措施降低各种疫病的发病率。

1951 年版本在血清和预防液方面也有所调整。增加了口蹄疫血清、马脊髓脑膜炎血清、犬螺旋体病血清和羊痘血清 4 种，预防液则增了口蹄疫 Anisol 苗，口蹄疫 Waldmann 氏苗及 4 种鸡传染病用苗。可以看出 20 世纪 40 年代，口蹄疫、羊痘和鸡传染病的研究有了较大的进展。还增加了防疫消毒药品浓度和消毒药品使用方法，说明在 20 世纪 40 年代末，兽疫预防的水平有所提升。增加较为显著的部分是处方，按照不同系统和器官病，以执业兽医处方方式列出，便于查找使用。

5.《家畜寄生虫病学》[③]

该书成书于 1947 年，是一本教材。分为总论和各论，总论部分

① 吴信法，段得贤合编．兽医手册［M］．上海：上海畜牧兽医出版社，1951：108．“《东北人民政府家畜防疫暂行条例》第三条 本条例所称之畜疫是指：鼻疽，炭疽牛瘟（牛疫），牛传染性胸膜肺炎（牛肺疫），口蹄疫，猪瘟（猪虎列拉），猪肺疫（猪疫），牛结核，羊痘，狂犬病，马及羊之疥癣而言”

② 吴信法，段得贤合编．兽医手册［M］．上海：上海畜牧兽医出版社，1951：108．“县人民政府于兽疫扑灭五日内，须作总结。按级邸报农林部并通报邻接县市人民政府”

③ 赵辉元．家畜寄生虫病学［M］．安顺：陆军兽医学校，1947

从理论上对寄生虫学进行介绍，包括其研究内容、研究意义，还有寄生虫的分类、诊断、特征等内容。论述较为全面，而且附了寄生虫标本的镜下示意图（16 页，血膜标本所见之图示，图 2-27）。各论部分分为体内寄生虫、体外寄生虫和原虫 3 编。体内寄生虫主要介绍了线虫、吸虫和绦虫，体外寄生虫主要介绍了虻、蝇、蚊、虱、蚤、螨，原虫部分介绍了锥虫、滴虫、焦虫、球虫、阿米巴原虫、利什原虫、驻肉孢子等。介绍各种家畜的寄生虫病 82 种。相较 20 世纪 20—30 年代的 10 多种寄生虫病，40 年代，寄生虫学有了很大的发展。从介绍的寄生虫病种类来看，与现在的寄生虫学没有太大区别，已经很科学全面了。

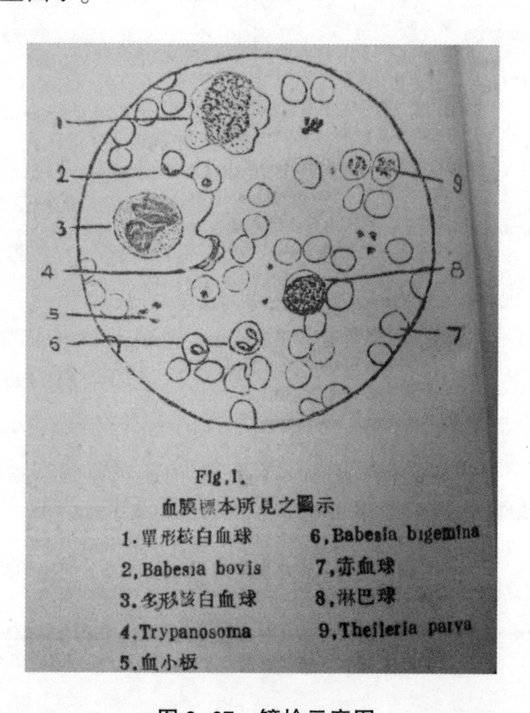

图 2-27　镜检示意图

在每种寄生虫的观察上有了很大的进步，该书中基本每种病都配有相应寄生虫的示意图，还有生理结构图，甚至部分器官解剖示意图。对这些寄生虫主要侵害的家畜，研究也更为深入，相应的症状、诊断和治疗也更为详尽。尤其对寄生虫的生活史有了深入了解。在书的最后附了25种寄生虫的生活史，很形象，也很科学。还附有人畜共患的寄生虫病侵害的人体器官图和不同寄生虫的虫卵大小比例。在书的最后，附有拉丁文名索引，这也是很重要的进步，与西方的兽医著作差别不大。

（二）民国时期兽医期刊

民国时期，西方科技在中国各个领域已经初具规模。兽医科学在这样的大环境下，也有了长足发展，逐步形成了以试验为基础的现代兽医学体系，尤其在疫病检查与防控方面，能有效解决战争时期疫病流行的问题，在一定程度上，与中兽医相互弥补，产生了一定的作用。除了兽医相关专著增多，还有很多相关的兽医文章发表在像《农学报》等农业报刊中，而最早的畜牧兽医专门期刊出现在1935年，是国立中央大学农学院畜牧兽医系的《畜牧兽医季刊》，由罗清生教授担任主编，1940年改版为《畜牧兽医月刊》。[①] 畜牧兽医方面的专业刊物除此之外还有1935年创刊的《兽医畜牧学杂志》，由陆军兽医学校旅京同学会主编；1936年陆军兽医学校创刊的《兽医月刊》，1942年改版为《兽医畜牧杂志》；1943年由中央畜牧实验所创刊的《中央畜牧兽医汇报》。当然，除了这些专门刊物外，还有一些杂志期刊也会刊载兽医相关文章。这些兽医学术期刊也是民国时期，尤其是抗战时期，中国兽医发展得很好的记录，直接反映当时的兽医研究内容与研究进展，可以从内容和数量的变化分析兽医发展趋势。从期刊的创办背景、理念、主创人员和内容等，可以了解当时中国畜牧兽医行业的发展状况。

1.《畜牧兽医季刊》（图2-28）

1935年，国立中央大学农学院畜牧兽医系主持创办了国内最早的畜牧兽医专业刊物《畜牧兽医季刊》，由罗清生教授担任主编。1937年因抗战迁校停刊，1939年在成都复刊，至1940年先后共出版4卷。1940年，陈之长、罗清生等集资成立了中华畜牧兽医出版社，《畜牧兽医季刊》改为《畜牧兽医月刊》，由该出版社于10月出版了

① 祝寿康.《畜牧与兽医》追忆溯源——中央大学畜牧兽医系的编辑出版工作纪要[J].畜牧与兽医，2008，40（1）：2

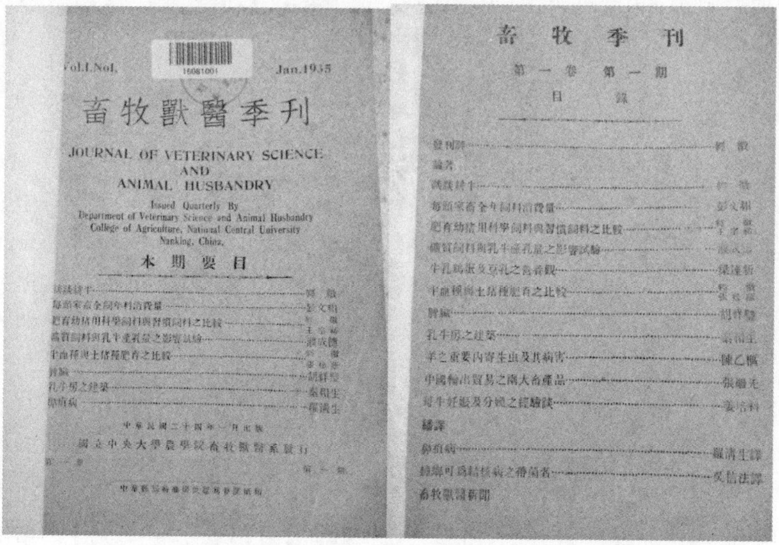

图 2-28　《畜牧兽医季刊》第一卷第一期，1935 年 1 月

第 1 卷第 1 期。① 1942 年 10 月，中国畜牧兽医学会成立，中华畜牧兽医出版社改组为学会的出版部，由盛彤笙教授负责。《畜牧兽医月刊》自第 3 卷，直至第 6 卷（1947 年）都由学会出版部编辑出版。第 7 卷（1948 年）由中央大学畜牧兽医系出版，共发行 7 期，后因故停刊。②

从创刊背景来看，当时正处于抗战时期，虽然从大学毕业的兽医专家日渐增多，兽医行业发展政府也很关注，但是在畜牧品种改良、畜产品品质和动物疾病方面，还没有得到很好的改善，专家之间的沟通交流较为困难，从国外的大学教育来看，毕业后同行间会有交流、学习。中国缺乏这样兽医方面专门的阵地，来促进兽医同行的沟通交流，正是在这样的背景下，当时的国立中央大学作为民国时期比较重

① 王惠霖，汪志楷．为了共同的事业，合力办好《畜牧与兽医》——祝贺《畜牧与兽医》创刊 75 周年［J］．畜牧与兽医，2010，42（1）：10

② 祝寿康．《畜牧与兽医》追忆溯源——中央大学畜牧兽医系的编辑出版工作纪要［J］．畜牧与兽医，2008，40（1）：2

要的人才培养阵地，发起这样的工作也是很合时宜的。①

从创刊号的内容来看，主要由三部分组成，论著、译文和畜牧兽医新闻。论著、译文总计 13 篇文章，其中 5 篇是兽医方面的。②

从畜牧兽医新闻来看，转载了当时比较有影响力的报刊所载畜牧兽医方面的内容，比如《新闻报》《申报》《中央通信社西北通报》《南京新民报》等，仍然是畜牧方面的内容较多。

在期刊结尾处，还刊登了广告（图 2–29）、《中大畜牧兽医系投稿简章》（图 2–29）、期刊发行代理机构和广告价目表。在以后各期陆续增加了杂谈部分，包含防疫法律法规等内容。调查部分对畜牧业重点发展地区，进行相关调查，实际了解各地畜牧业发展状况和兽病流行情况。还增加了短篇幅的译作摘要部分，更大地利用了小篇幅进行很多新进展的介绍。

图 2–29　广告和投稿简章

从期刊板块设置看，已经与现在的畜牧兽医期刊没有太大差异，图文并茂，术语规范，形成了现代兽医体系的学术名称体系，而且很

① 轻微．发刊词［J］．畜牧兽医季刊，1935，1（1）：1

② 胡祥璧．脾脏［J］．畜牧兽医季刊，1935，1（1）；陈乙枢．羊之重要内寄生虫及其病害［J］．畜牧兽医季刊，1935，1（1）；姜培科．母牛妊娠及分娩之经验谈［J］．畜牧兽医季刊，1935，1（1）；罗清生．鼻疽病［J］．畜牧兽医季刊，1935，1（1）；吴信法．蟑螂可为结核病之带菌者［J］．畜牧兽医季刊，1935，1（1）

好地体现了大众传播的要点，公开性、时效性和选择性都极佳。因为创刊人员就是资深的行业专家，通过编辑与作者对兽医科学的研究和对兽医行业的把握，《畜牧兽医季刊》为兽医行业的发展奠定了很好的交流基础。

包括中国兽医学会的成立等，都能通过这本期刊有效地传播出去。为兽医研究、兽医学术组织发展、从业人员的学术成果交流提供了很好的平台。

2.《畜牧兽医月刊》

与《畜牧兽医季刊》相比，《畜牧兽医月刊》首页印有专业标识，翅膀、权杖与蛇代表和平和医疗，从职业角度诠释兽医的职责。从发行机构来看，由中国畜牧兽医出版社发行，从出版的角度来说，是从更为专业的角度，进行期刊出版。

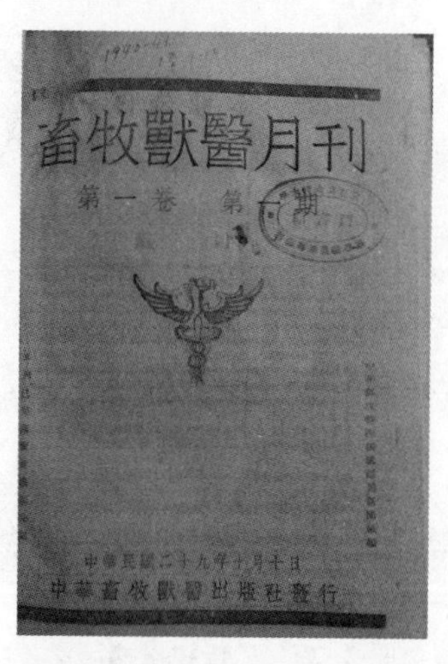

图 2-30　《畜牧兽医月刊》第一卷第一期，1940 年 10 月 10 日

从内容上来看，《畜牧兽医月刊》主要由论著、译文、社评、畜牧讲座、兽医讲座和杂谈几个部分组成，兽医论文还是主要针对兽医防疫研究展开，随着时间的推移和战争等外在因素的影响，文章的数量和内容侧重发生了变化。其中，原来占比例较大的防疫方面的文章，仍然占主要地位，只是比例有所下降，也就说明，随着兽医科技的传播，在西兽医中比较占优势的防疫与检疫方面比例降低，而原来几乎没有的病理研究方面有所增加，也就说明兽医的发展日趋完善，注重兽医科技的基础研究，还有与畜牧业发展息息相关的内科学和寄生虫学研究比例有所提升，而且从原来的单独论述提升为专辑专论，提升了论文的深度与广度。为兽医科技研究和发展奠定了基础。而且相关调查报告比例降低，涉及农业推广部分减少，而且论文的研究水平进一步增加，向着专业学术期刊的方向前进（表2-18）。由于各种原因，《畜牧兽医月刊》于1948年7月刊发最后一期后，停刊。

表2-18 《畜牧兽医季刊》与《畜牧兽医月刊》内容分布

刊物	总计	兽医	兽医学理论	防疫	生物制品	内科	外科	产科	生理	药理	寄生虫	病理	微生物	调查
畜牧兽医季刊	155	67	5	24	4	8	0	7	6	2	4	0	2	5
畜牧兽医月刊	337	186	12	52	21	19	5	14	3	15	25	11	3	6

3.《兽医月刊》

1936年10月31日出版1卷1期，由何应钦题书名，是由陆军兽医学校创刊出版的，主要发行于1936—1941年，发刊词中提到“但在事实上，兽医一门，与国防及国民经济，均有莫大关系”“至于中国国民经济，现在畜牧事业在西北一带，占有极重要地位，而其他各地农民，也均以畜牧为副业，可见畜牧实是国家重要的富源之一”“目前全国陆军兽医及相关机构需要4 000人，目前只有700。”① 一方面说明了当时西北畜牧业的发展急需兽医学的发展，另一方面从创刊的学校来说，是当时全国唯一一所兽医学校，并且是军校，其首要任务是国防作用，由于当时抗战的原因，战时生产、生活和军用物资都十分紧缺，作为战争中有重要作用的战马，更是中之重，同时兽医人才的紧缺，也让兽医发展有了不小的障碍。

从期刊的版块设置来看，主要分为专著、翻译、杂谈等内容。在封底刊登了联系电话和广告版面价位。有意思的是，《畜牧兽医月刊》复刊，就在《兽医月刊》上刊登了广告“畜牧兽医月刊将于双十节创刊问世，中国畜牧兽医出版社”。② 从内容来看，专著部分多

① 陈尔修．发刊词［J］．兽医月刊，1936，1（1）：5
② 封底广告［J］．兽医月刊，1940，4（1-3）

为较长的文章，需要多期连载，相比《畜牧兽医季刊》（《畜牧兽医月刊》）而言，篇幅较长，论述较为详细。也包含一些新闻，尤其是校闻内容"招收简易班学生 80 名 5 月中旬在湖南益阳招考"，更凸显办刊单位的特点。① 尤为特别的是，在抗战时期，在《兽医月刊》中还有一些战况新闻和民国时期党政要员的演讲或训话内容。在抗战物资紧缺时期，开展兽医国药研究，刊发国药专栏，通过对中兽医药方的分析与实验，找出一些替代药物，以弥补战时的兽药需求。"目前抗战时间，急需国药，代替西药，以利马骡治疗，关于研究兽医国药各项参考书籍及材料，现正多方搜集，以便探讨研究""凡有国药治疗应验单方，经试验合用者，当为呈请奖励，用示酬庸。""凡有国药治疗应验者，盼将本人治疗经历，并附凭证，由本所审查测验合格后，可分别聘为教官所员"。②

4.《兽医畜牧杂志》

1941 年，《兽医月刊》停刊。1942 年，陆军兽医学校兽医畜牧杂志社编辑股出版《兽医畜牧杂志》改月刊为季刊，作为《兽医月刊》的延续。发刊词中提到，由于战争原因，陆军兽医学校南迁，印刷困难，所以进行改组扩充内容，按季刊出版。抗战期间，兽医发展关乎国家建设，畜牧发展。应尽力确保内容翔实有用。③

改版后主要分为论著、专著、翻译、诊断汇报几个版块。刊载文章的数量和内容的变化见表 2-19，图 2-31，图 2-32。内容变化，《兽医月刊》刊载临床方面文章为主，尤以内科诊断类的文章最多，

① 校闻［J］. 兽医月刊，1937，2（4）

② 本校附设兽医国药治疗研究所启示［J］. 兽医月刊，1938，3（2）

③ 崔步瀛 . 发刊词［J］. 兽医畜牧杂志，1942，1（1）：1，"本杂志初名兽医月刊，发刊于民国二十五年 10 月，主旨在兽医畜牧既马政上互换知识，藉资提倡，以谋生产建设。数年来，本社随学校之迁移，由京而湘而黔，加以印刷困难关系，每月出刊，随不无延发之憾，而设法赶印，卒能完成各期，尚可邀阅者共谅。兹为本社改组，扩充内容，并化零为整起见，已呈准改名为兽医畜牧杂志，月刊取消，按季出版，全年共刊四册，并力求印发敏速，以享阅者。际资抗建时期，兽医于畜牧，悉关生产建设之国策，其学术之研讨，事业之兴进，皆为刻不容缓之图，尤为吾辈责任所在，胥应各尽所致，力图贡献，其精确之实验，同可谓教学南针，即丰富之理论，应足资研讨参考，尚能博采东西，多加译述，更为学术与事业上改进，借鉴，斯本社改名改组之一因也，并希诸同志同道，时赐宏文巨著，以光篇幅，以利抗建，更为本社所欢迎，兹当改刊之际，用志数语，兼代声明。"

占 40%。随着时间和战事的变化，《兽医畜牧杂志》刊载的文章，趋于均衡，防疫和药理方面，占主要内容，这也与当时的社会、经济等因素有明显相关。

表 2-19　《兽医月刊》与《兽医畜牧杂志》内容分布

期号	总计	兽医	兽医学理论	防疫	生物制品	内科	外科	产科	生理	药理	寄生虫	病理	微生物	调查
兽医月刊	280	176		35		71	13	8	3	18	10	5	8	5
兽医畜牧杂志	159	126	3	31	1	12	6	12	8	24	11	4	11	3

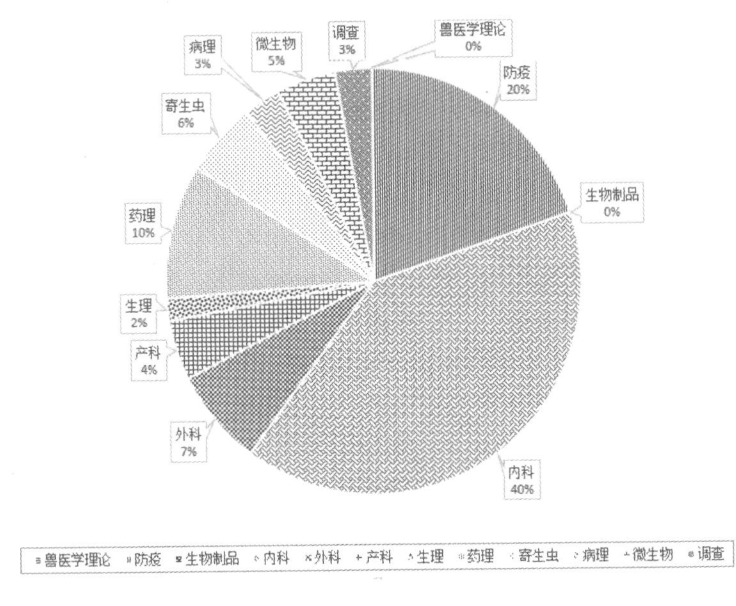

图 2-31　《兽医月刊》学科分布

5.《中央畜牧兽医汇报》

《中央畜牧兽医汇报》1942 年 7 月创刊，由农林部中央畜牧实验所主编，中央畜牧实验所是一个科研机构，成立的目的是推动全国的畜牧业发展，生产防疫相关生物制品、器械，制订防疫计划等。

"在非常时期，于支持抗战，换取外汇起见，不得不急加提高生产，政府有见及此，故有本所之设立，本所为领导全国畜牧兽医事业

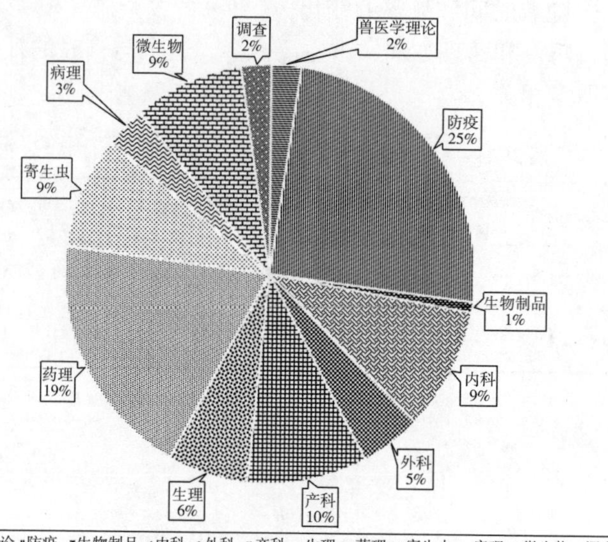

图 2-32 《兽医畜牧杂志》学科分布

之机构”“（1941 年）十月间又奉令接收中央农业实验所畜牧兽医系血清制造厂等，办理各种牛瘟血清、牛瘟脏器苗，猪瘟脏器苗之制造及牛瘟血清、猪瘟血清、牛瘟脏器苗、猪瘟脏器苗之研究于试验；”“并为防治牛瘟，划定全国各省市，有兽疫发生之地方，分别推进兽疫防治工作，除加强各省兽疫防治机构之健全，及指挥便利计。”①“凡兹伟业在当事者应求行并先求知，尤需以所知者，贡献国人，相互检讨，以期畜牧政策之实行，本汇报之问世，或得完成使命。”②

《中央畜牧兽医汇报》主要分为论坛、研究、译著、报告、杂谈等，内容以防疫、生物制品和微生物等方面为主。季刊形式出版，在刊载的文章数量上与其他刊物相似。

6. 三种期刊比较探析

兽医学术期刊的创办与发展，与其创办人关系密切，尤其创办人的专业方向和创刊理念，在学术期刊发展上影响也较大，从传播角度

① 蔡无忌．农业部中央畜牧实验所筹备经过［J］．中央畜牧兽医汇报，1942，1（1）

② 沈鸿烈．序言［J］．中央畜牧兽医汇报，1942，1（1）

来看，创办人发挥了“意见领袖”的作用，他们对内容的选择，源于他们自己的成长背景、社会经历、学识等方面，以他们自己的角度对兽医行业、畜牧业、社会、经济、政治、战争等多方面因素的考虑与关注，形成了不同内容侧重，并且对于期刊的经营与发展也有多方面影响。

《畜牧兽医季刊》创刊人是从事大学教育的陈之长、罗清生，他们的教育背景和经历，使他们关注畜牧行业发展，一般国立大学在专业设置上都是畜牧兽医合二为一的，因为其目标主要是畜牧业发展的角度，即立足于经济发展。最初文章翻译为主，先学后做，逐步积累发表相关研究成果。《兽医月刊》发刊词由陈尔修撰写，陆军兽医学校作为西兽医教育的肇始，到《兽医月刊》创刊已有30余年的历史，其创建是在军事需求方面，主要针对的动物就是马，所以更多关注的是国防需要的兽医技术，而畜牧发展倒在其次。其在马政与军马诊治方面，有很成熟的临床经验，中兽医在马病诊治上已经有相当多的积累，所以期刊在创办之初，以马临床方面的诊治为主，辅以译著和防疫研究等。另外，由于军事背景，期刊也会刊载很多思想方面的内容。《中国畜牧兽医汇报》以蔡无忌等人为主要编委，其立足于畜牧业的发展，以牛瘟等疫病研究、防控和拟订相关计划为内容，从科研和推广的角度，进行兽医学术交流。

从期刊出版周期来看，《畜牧兽医季刊》（《畜牧兽医月刊》）先为季刊，后为月刊，刊出内容由少到多，出刊时间减短，虽然中间因战争有间断，但是后期稿件数量仍不错，这与期刊创刊人所在单位和理念息息相关。国立中央大学在20世纪30年代是民国教育的重要阵地之一，在这一时期，培养了大量的畜牧兽医人才，从事各方面畜牧兽医相关工作，有些人就职于政府管理部门，有些人就职于地方院校研究所，涉及范围广，对于期刊的发行与推广起到很大作用，也有很多学术投稿。期刊会刊载一些广告内容，以补充办刊经费，所以保证了期刊的出版与延续。《兽医月刊》最初是每月一期，刊载内容多为兽医文章，以马病为主，随着时间和战况的变化，发刊量逐渐减少，陆军兽医学校其学生主要还是在军队工作，由于其人才的定向性，这本期刊的影响也主要存在于军队系统。刊载的文章也多为专著连载，在相应的图书出版后，这类连载也减少了，影响了文章的数量。由于战争的原因，资金紧缺，造成出刊困难，每卷的期数也减少了。《中央畜牧兽医汇报》创刊时间较晚，季刊出版，在20世纪40年代，三种期刊出版的期数还是《畜牧兽医月刊》最多，推广范围最大。

从刊载内容来看，《兽医月刊》的产生，正是源于军事、经济以及人才方面的需求，从主办单位来看，与《畜牧兽医季刊》由国立中央大学畜牧兽医系创办不同的是，《兽医月刊》是由兽医学校创办。二者在专业方面，有较大差别。国立中央大学畜牧兽医系兼有畜牧、兽医两方面的课程，培养两方面的人才，所以在期刊出版方面，兼顾畜牧与兽医内容，尤其比较关注畜牧的行业发展和兽医防疫方面的内容。陆军兽医学校则因肩负国防重任，主要的培养的都是兽医和马政方面的人才，畜牧方面较少，所以在期刊刊载的内容方面，临床方面的内容较多，也有较多的药理和病理方面的内容。

从刊载的文章数量来看，三种期刊兽医文章占总刊载数量的比例如图2-33，图2-34，图2-35。20世纪30—40年代是多种疫病暴发

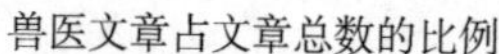

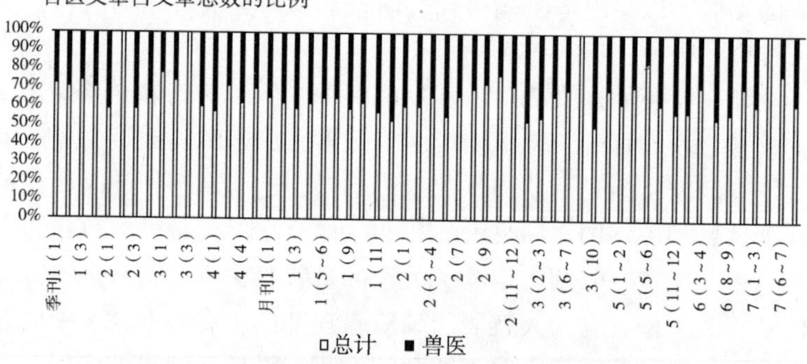

图2-33 《畜牧兽医季刊》（《畜牧兽医月刊》）刊载兽医文章的数量占比

的时期，疫病给畜牧业发展带来巨大的损失，造成极大的影响，所以三种期刊的刊载内容都关注防疫方面，其他内容各有不同。《兽医月刊》（《兽医畜牧杂志》）刊载的兽医文章多，且临床文章占比较高，

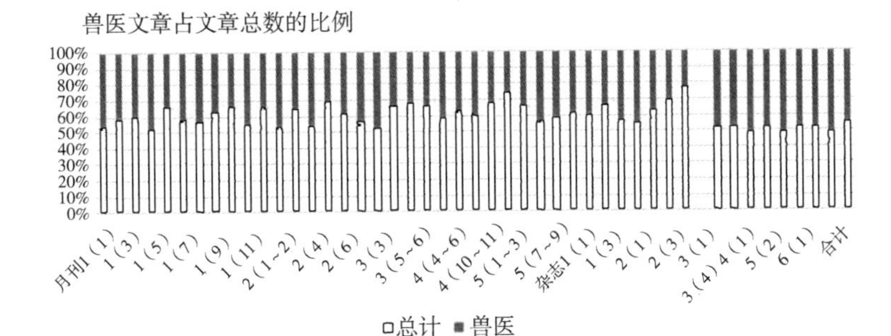

图 2-34　《兽医月刊》（《兽医畜牧杂志》）刊载兽医文章的数量占比

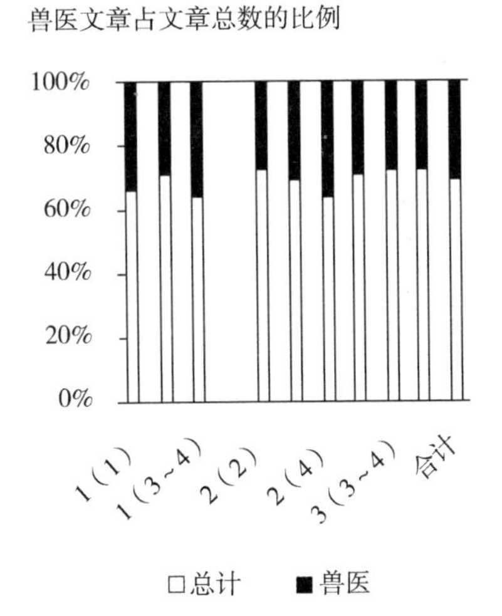

图 2-35　《中央畜牧兽医汇报》刊载兽医文章的数量占比

《畜牧兽医季刊》（《畜牧兽医月刊》）比《中国畜牧兽医汇报》稍高，主要刊载内容多集中于防疫方面。在学术规范方面，这些期刊上刊载的文章，用词准确，尤其是在翻译文章方面，很多专业名词逐渐确立统一，为现代兽医专业术语体系建立，奠定了基础。

从民国时期三种兽医学术期刊比较来看，影响期刊发展的因素既有创刊人的背景与理念，也有社会、经济发展需求，还有重大事件的影响等，这些都对期刊的出版周期、出版内容、延续时间等方面有很大的影响。但同时，三种期刊在版块设置方面逐渐趋同，成为民国时期较有代表性的兽医学术期刊。兽医学术期刊在社会动荡、战争频繁的时代，仍然继续发展，并逐渐形成学术期刊出版规范，为现代兽医学术期刊出版奠定了基础。

三、兽医学会的成立与学术交流

兽医学术研究的发展，与研究机构、研究人员有显著的关系。但是，除了各自的机构和学校，整个行业的发展，需要一个组织来促进行业的交流，包括召开学术会议、探讨研究进展、选定研究目标、出版专业成果，等等。

1935 年，中国兽医学会在蔡无忌、程绍迥、陈之长、罗清生等人的发起下成立，由蔡无忌担任会长。1936 年，中国畜牧学会在刘行骥、虞振镛、汪启愚等人的发起下成立。① 1936 年在中国畜牧学会建会之时，两学会决定合并为中国畜牧兽医学会，仍由蔡无忌担任会长，陈之长担任会计，罗清生担任书记。学会的成立，建立了全国畜牧兽医人才的组织和交流平台。并定期举办学术讨论会，促进学术交流。并积极与全国其他农业组织进行交流。1948 年，程绍迥代表中国畜牧兽医学会在中国农学会组织的会议上，做了牛瘟疫苗研究方面的报告。

农林部西北兽疫防治处曾请联合国善后救济署驻华办事处派驻农林部兽医顾问艾乐德博士，帮助进行兰州市乳牛流产病检疫。当时的疾病症状主要是牛多数怀胎第 5 或第 6 个月流产；预后主要是影响生犊及产乳量，病死不多见。在公共卫生方面的影响，主要是人发生马耳他热。检验了乳牛 107 头，通过分试管试验法及平板试验法进行鉴

---

① 畜牧兽医两学会成立 [N]. 新京日报，民国二十五年七月十八号 1936-7-19，“中大农学院昨日十时 合并举行成立大会蔡无忌主席”

定。[①] 说明与联合国善后救济署互动较多，也得到国际组织较多的帮助。

同时兽医界也积极进行国际交流。1948 年 10 月 28 至 11 月 2 日，联合国粮农组织（FAO）在东非肯尼亚内罗毕（Nairobi Kenya）召开牛瘟防治会议。会议的内容是，牛瘟在所有国家持续传播，认识到其问题的重要性，要积极解决问题，但是由于住房紧缺，只能提供一个房间，建议在牛瘟防控方面工作的兽医参加。所以这次会议由程绍迥在会上做了中国牛瘟发生情况和防治进展两个报告。[②]

在与国际组织的接洽与沟通方面（图 2-36），农业部华北兽疫防治处接收 CEFE 专款[③]，总经费 400 138 200 元，主要用于制造炭疽血清、炭疽芽孢菌、猪瘟疫苗以及应对待解决问题。联合国救济署对中国的 1948 年特别兽医计划主要包括以下内容。

从多个方面推进了中国兽医发展，促进恢复畜牧业生产。[④]

（1）到 4 月为每省培训技术人员 10 个；

（2）与市政府合作，结核分枝杆菌和流产检测，乳牛，肉牛。上海、南京、北平、天津、汉口、重庆、成都、贵阳、兰州、西安、桂林等；

（3）在牛瘟、猪丹毒、猪瘟多发地区开展卫生运动，至少持续 5 年；

（4）1947 年，牛瘟、猪丹毒、猪瘟和羊痘感染地区，在 1948 年要关注免疫，避免大规模流行；

---

① 甘肃省档案局，30-1-359，农林部西北兽疫防治处办理，改进中国畜牧兽医事业意见书，中国农业建设文选，乳牛流产病检验论文等的函、训令（1945. 11-1946. 10）［A］函送改进中国畜牧兽医事业意见由 1946. 4. 17

② 中国第二历史档案馆，二三-263，农业部有关国际牛瘟防治会议的文书（1948. 6-9）［A］“Are , Belgium, burma, china, Egypt, Ethiopia, france, great Britain, india, Liberia, Netherlands, Pakistan, Philippines, siam, and union of south Africa. The international office epizootices will also be invited to send a representative. Accept, excellency, the assurance of my highest consideration. Herbert broadly acting director-general”

③ 中国第二历史档案馆，二三-1-2750，一九四八年特别兽医计划［A］，华北兽医防治处接受 CEFE 专项制造生物药品工作及款项应用报告 3-12

④ 中国第二历史档案馆，二三-1-2750，一九四八年特别兽医计划［A］，华北兽医防治处接受 CEFE 专项制造生物药品工作及款项应用报告 3-12

1948年特別獸医計劃

MINISTRY OF AGRICULTURE AND FORESTRY
REPUBLIC OF CHINA

2

Specific Veterinary Program for 1948

Items	Description
Training	1. Training of 10 technicians for each province be completed by April.
Tests + Vaccination of city Dairy Cattle.	2. In co-operation with local city government tuberclosis and abortion tests among dairy cattle in Shanghai, Nanking, Peiping, Tientsin, Hankow, Chungching, Chengtu, Kweiyang, Lanchow, Sian, Kweilin, Canton, Henchow, Formosa, be made.
Clean-up Areas	3. Campaign, in co-operation with local governments, be made for "clean-up areas" in infected regions for rinderpest, erecipelas, Hog-Cholera to be continuously watched at least for 5 years.
Watch and Vaccine	4. 1947 infected areas for rinderpest, hog-cholera, erecipelas, and Sheep pox must be watched and vaccined in 1948 to prevent possible outbreaks.
Immergency Outbreaks	5. All Epizootic Prevention Bureaus must always be watchful for any outbreak of diseases for which vaccines and serums of major diseases must always be provided for immergency.
Organizations	6. All Epi. Prev. Bus. must stress on Provincial Information Organization after the present training class is over.
Animal loans + Insurance	7. Private investments along the line of Animal Production must be encouraged and helped, Animal Loans and insurance be introduced.
Breeding Stock	8. Breeding Stock be properly fed + cared.

图 2–36　与国际组织沟通交流的资料①

（5）兽疫防治局必须关注任何可能的疫病，紧急处理对其进行疫苗和血清免疫；

（6）要对省级机构组织进行课程培训；

（7）动物生产一线的私人注射要鼓励支持，推进动物保险。

从学术组织的成立到国际学术交流，中国兽医事业的发展，已经

① 中国第二历史档案馆，二三-1-2750，一九四八年特别兽医计划［A］，华北兽医防治处接受 CEFE 专项制造生物药品工作及款项应用报告 3-12

逐步走上现代化道路，所有的学术活动已经与现在差别不大（图 2-37），能积极交流进取，学习先进科技，进一步推进兽医各个方面的发展。

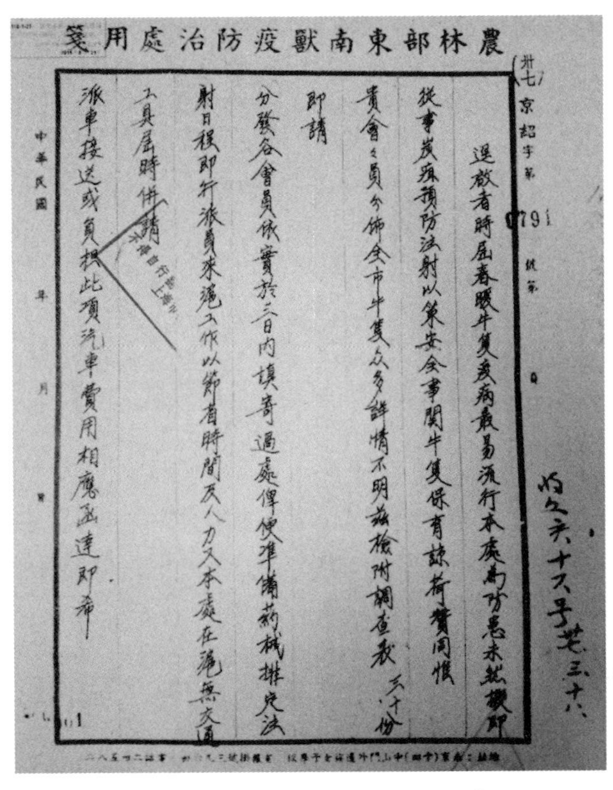
農林部東南獸疫防治處用箋

卅七京超字第 0791 號

逕啟者時屆春暖牛隻疫病最易流行本處為防患未然擬即
從事炭疽預防注射以策安全事關牛隻保育諒荷贊同惟
貴會會員分佈全市牛隻眾多詳情不明茲檢附調查表三十份
即請
分發各會員依實於三日內填寄過處俾便準備藥械排定注
射日程即行派員來施工作以節省時間及人力又本處在施無交通
工具屆時併請
派車接送或負擔此項汽車費用相應函達即希

中華民國　年　月　日

图 2-37　与哈佛大学的学术交流①

① 广东省档案馆，020-005-156-024 哈佛大学图书馆汉和文库关于请岭南大学农学院惠赠中国农业书报刊物各一份的函［A］

第三章　中兽医发展渐缓

在西兽医迅速发展的过程中，中兽医的发展怎么样呢？从晚清中兽医的典籍来看，除了疫病以外，一般内科病、外科病和皮肤病以及装蹄铁、去势术等方面，中兽医技术已经很成熟了。但随着西兽医的传播和发展，人们认识到西兽医药品的速效作用，在针对疫病的血清治疗和免疫的高效作用，开始逐渐选择西药。尤其20世纪30年代，家畜疫病大规模暴发，开始有很多介绍西兽医和兽药的书籍，个别还保留中兽医的方剂，尤以疫病宣传最为广泛，有西兽医教育的教材，有防疫的推广手册，还有在农村宣传的极简小册子，展现了政府的支持力度。但是明显看出中兽医的知识和技术并没有广泛通过书刊传播。这段时间产生并流传下来的中兽医书籍有《疗马集》（1908年）、《驹病集》（1909年）、《医牛宝书》（1918年）、《治骡良方》（1933年）等。造成这样局面的原因有很多，但是最主要的，还是民国时期“废止中医案”。

第一节　“废止中医案”对中兽医的影响

经历数千年流传发展的中国医学，具有其独特的理论与思辨哲学，中兽医和中医系出同源，都是前人通过不断的总结、实践，根据各自地域和资源特点，逐渐形成的具有地域和文化色彩的一门科学①。中医思想既关注人与环境的关系，又考虑人作为独立个体的特殊性，在诊治上结合多方面因素加以处理，往往医治方法上会让人意外，与西方医学的标准化思想不同，西医直接针对患病部位处理、清晰明了。这也在一定程度上，让患者觉得西医更容易理解，更为

---

① 中药讲究道地药材，对产地、品种、炮制要求都极为严格，稍微处理不好，就会影响诊治结果；不同地区的人，生活环境不同，科学的说法是，饮食、水中的矿物质水平不同，也会导致人体素质的地方差异，自然选用药品和诊治方法上也不应该相同

可靠。

晚清时期，在洋务运动的影响下，有很多专业人才开始学习西方知识，有医学书籍被翻译引进。名医唐宗海在光绪十八年（1892 年）出版了《中西汇通医经精义》一书，以“中学为体，西学为用”的思想为基础，认为东西方医学是可以殊途同归、融会贯通的，所以提出了“中西汇通”的说法，在医学界受到广泛的支持。其主要思想是：中医与西医应当互相学习，取长补短，将优秀的技术发扬光大。而且还广办学校、出版书刊，与西方医学共同发展，培养了一些人才。为中西医结合铺平了道路。

一、“废止中医案”风波

提出废中医说法要追溯到 1879 年，并不精通医学的国学大师俞樾提出了《废医论》，其分为七篇，对中医的由来与传承做了简要的梳理，尤其对医卜之同源做了更多的讲解，借以得出“卜可废医不可废乎?”（《废医论·本义篇第一》），通过对脉的演变的探究而质疑其真实性，认为当时中医所诊之脉已非最初之脉，借而说明中医诊断方法的不可信。（《废医论·脉虚篇第四》）在药的角度，又认为古方中的药物，当时有很多没有了，而燕窝、海参等舶来品的入药，改变了中药的初衷，《本草》也没有定本，中医用药已经不可信。（《废医论·药虚篇第五》）最后，对于病的祛除，建议不要病后将所有希望寄托于中医，而要从平时的饮食起居进行防病。虽然俞樾的说法，有部分观点可取，但是囿于其所处的时代与受到的教育，很多方面不能从发展的角度看问题，单方面否定了中医的作用，无视了在中华民族繁衍过程中，中医的经验积累与价值。其实，任何的学科在发展的过程中，都会有各种变化，无论是理论层面还是实践层面，都会随着人类认知的不断扩增、经验积累，逐渐去除糟粕，传承发扬。就如同论述中所提到的“巫”的废止，正是因为人们认识到其不能给人类带来更多积极影响，所以时间将其淘汰，而中医在中国传承几千年，甚至也影响了亚洲的其他国家，包括韩国的韩医和日本的汉医，正说明了其存在与发展的必要性与可行性。

洋务运动使开始接触西方科技的民众接受并主张全盘西化，在甲午海战之后，更觉得要学习日本废除汉医，才能实现医学现代化。①在废除中医方面，汪大燮、余云岫、汪精卫等是主要倡导者，在中医废止中起到了推波助澜的作用。

汪大燮曾留日并任留日学生监督，1907 年回国后担任教育总长，因为其废中医的强烈倾向，1912 年，民国医学教育制度确立，全盘照搬日本模式，没有规划中医教育内容，汪大燮以“吾国医学毫无科学根据”禁止中医开业，废止中药。前面提到的俞樾还曾经写过《医药说》，其中提到“医可废药不可废”，而汪大燮则是全面否定中医药，这是近代第一次中医废止之争，但是反响不大，草草了之。但对中医教育体系的建立影响颇深。

1916 年，余云岫写了《灵素商兑》，开篇以《黄帝内经》的问答式讲解写《灵素商兑》的目的，而内容则针对《灵枢》《素问》的内容进行分析，通过西医的系统器官论，对照脏腑经脉，指出他认为的不科学之处。在当时看来，很具有科学依据，并且通过科学分析，也证实了一部分内容的准确性，比如黄疸在眼睛中的黄染反应。但更多的是批判其错误的部分。包含了与时代接轨，不能固囿于传统，要与时俱进的思想。提出了废止中医，引发争论。1922 年，恽铁樵做《群经见智录》加以辩驳，以《黄帝内经》为理论著作，虽与《易经》同源，但在演化过程中，已经与《易经》不同，另有《外经》为实证治疗。从中西医的哲学起源和社会背景，说明其形成体系不同，不可以同一类比。展开中西医学术正面论战之先河。②

1925 年，中医界再要求中医建校，仍未果。中医教育以民办为主。1929 年，“废止中医案”出台，由余云岫提出，得到文艺界和西医界的支持，③ 再加上有汪精卫的大力支持，全国中医界倍感压力，由此展开全国范围的抗争。《医界春秋》1929 年 33 期更是提出了“提倡中医，以防文化侵略；提倡中药，以防经济侵略”，提高到文化、经济的层面，来倡导中医的发扬与传承。最终，南京政府不得不搁置了“废止中医案”。并于 1931 年成立中央国医馆，将 3 月 17 日

① 日本明治维新开始后，对于医学发展，以西医为教育医学发展依据，废止汉医，全盘西化。自然淘汰方式逐渐消除特许执业的汉医

② 郝先中．近代中医之争废存研究［D］．上海：华东师范大学，2005：8

③ 周萍．民国史上的中医废存之争［J］．山东档案，2014，1：68-69

定为“国医节”。[1] 1933年通过《国医条例》，改“国医”为“中医”。1936年，国民政府颁布《中医条例》确立“中医”合法地位。

从1879年至1937年，是否对中医废止的争议就在不断产生，到1937年全面抗日战线的展开，中医废存争论暂告一段落，这段时间内，中医的教育发展受到了很大的冲击，直至中华人民共和国成立，民国政府都没有建立专门的中医学校，这对中医的传承产生了很大的影响。

从传播的角度来看，由于西医团体的宣传作用和一些政界、文化界关键人物的意见领袖效应，在大众接收信息方面，也影响了中医的发展，使很多民众对中医产生了质疑，从传承和传播两个方面对中医的发展产生了影响。

二、“废止中医”与中兽医发展

在清末民初，在租界区，比如上海的公共租界和法租界，已经开始有了执业兽医，并有相关的执业要求和考核标准。包括市场都有专门的兽医从业[2]。由于贸易的发展，海关也开始有了关防检疫，但最初主要是由外国人把控，如日本和俄国，主要为了避免中国出口到他们国家的动物染有疫病[3]。除了这些地方，主要的执业兽医还是中兽医。

中兽医的发展与中医一样，都是以实践为主的经验系传承。传统意义的中兽医教育多是子承父业或师徒传承，只有极少的兽医可以进入官方兽医机构进行学习工作。由于中医废存之争，不可避免地影响了中兽医的发展。

1904年成立北洋马医学堂，标志着西兽医教育体系的建立，从

① 段逸山．民国（1911—1949）中医期刊有关中医废存之启示［J］．中国科技期刊研究，2014，25（12）：1457-1462

② 上海档案馆，u1-4-723，上海公共租界工部局总办处关于乳场牲畜之检疫（1934—1936）卫生［A］，第9页，动物检验规程（19350411）animal quarantine regulations；严娜．上海公共租界卫生模式研究［D］．上海：复旦大学，2012；“1869年8月3日，警备委员会任命基尔（D. K. Keele）担任小菜场稽查员，并承担工部局的兽医工作（工部局第一位兽医），月俸为100两白银”

③ 中国畜牧兽医学会：中国近代畜牧兽医史料集［M］．北京：农业出版社，1992：183

学制到课程，都是全盘照搬日本的兽医教育，摒弃了中兽医教育。1912年民国新学制创制之初，新式学堂在全国各地推广建立，与中医一样，中兽医教育也被遗忘在教育体系之外。到20世纪30年代，兽医教育转为英美系时，仍然未开展专门的中兽医学科。直至1949年前，中兽医教育都没有列入官方教育体系。19世纪末至20世纪30年代，多次大规模的动物疫病的暴发，让西兽医防疫优势凸显，官方兽医机构也以防疫机构为主，尤其在30年代，建立了很多疫病研究机构和生物制品生产单位。学者、政府的大力宣传，专著、期刊的不断出版，使西兽医得到迅猛发展，广泛传播。而同一阶段，中兽医的教育、研究、发展并未有很多的记述。

从执业资格的获取上，也未见专门的中兽医管理条例，当然，这与中国原有的行医特点有关，中医的形成模式源于中国传统社会的稳定性，熟人社会，小圈子，在每个乡村有固定的医生，会形成固定的行医范围，也了解这一地域的地理、气候、饮食、疾病等特征。很多中医也同时也担任兽医，比如华佗、葛洪以及《串雅兽医方》的作者赵洪敏，都是兼治人病与兽病。

但从整体来看，中兽医所受到的冲击并不如中医那么大，主要有两方面原因。

一方面，西兽医的崛起较晚，基本上西兽医的大发展时期在“废止中医案”之末，中医也取得了一定的成果，所以中兽医受到的冲击相对较小。另一方面，由于战时的需求，战争中军用物资的消耗和高额的西兽医费用，民国政府陆军兽医学校创建了兽医国药治疗研究所。展开中兽药的利用与开发，利用西兽医的研究手段，对中兽药进行分析、研究和批量生产①。当时兽医界对中兽医的发展，也有一定的关注，“土兽医训练，我国土兽医，遍布全国乡村各地，俗称牛郎中或马医生，此辈原无大学识，全靠祖传经验，医治畜病。我们应以新的科学兽医知识，灌输给他们，再参加固有的经验，融合铸成一种乡村实用兽医。凡受训者，政府给予牌照或证明书，准许执业。同

---

① 甘肃省档案局，29-1-410，卫生署，甘肃，福建，陕西等省卫生处关于警务，军训法规，兽医国药治疗研究所简章，组织规章大纲，防治天花，脑膜炎及惠赠刊物等的训令，代电，公函，1939.4-12［A］，蒙绥防疫处第208号，1940.5.9

时任命为某村的防疫通讯员，协助政府作兽疫防治工作。”① 首先肯定了中兽医的作用，但是对中兽医的认识还是立足于乡村兽医的发展方面，而未深层挖掘中兽医的价值。

第二节 战时中兽医的贡献

从中国的地理情况来看，“北纬42度以北，东经105度以西，松花江、辽河、成都平原以外的地区都是畜牧地带”②，从1934—1936年的海关报告来看，外销畜产品的产值分别为10 254万元、10 348.16万元、14 219.4万元③，畜牧业是国家经济发展和抗战军需的重要来源。由于抗日战线的全面展开，西药难以为继，民国政府针对战时需求，筹建兽医国药治疗研究所，而且属于陆军兽医学校。④

一、兽医国药治疗研究所的创建

1939年，由贵州安顺陆军兽医学校主持筹办，既收集国药研究相关资料，也招募中西兽医人才。⑤ “关于研究兽医国药各项参考书籍及材料，现正多方搜集，以便探讨研究，深盼海内人士俯赐赞助，如有是项书籍材料，尚请惠予指示检寄。”“凡有国药治疗应验单方，经试验合用者，当为呈请奖励，用示酬庸。”“凡有国药治疗应验者，盼将本人治疗经历，并附凭证，由本所审查测验合格后，可分别聘为

① 王履如：中国现代兽医改进之理论与实际 [J]. 中国畜牧兽医汇报，1943，1 (1)：8-14

② 余玉琼：马政司成立以来业务进行概况 [J]. 兽医月刊，1940，4 (12)：8-9

③ 余玉琼：马政司成立以来业务进行概况 [J]. 兽医月刊，1940，4 (12)：8-9

④ 甘肃省档案局，29-1-410，卫生署，甘肃，福建，陕西等省卫生处关于警务，军训法规，兽医国药治疗研究所简章，组织规章大纲，防治天花，脑膜炎及惠赠刊物等的训令，代电，公函，1939.4-12 [A]，蒙绥防疫处第208号，1940.5.9；29-1-372 甘肃省政府，卫生署，西北防疫处等关于派员核查防治牛疫及设立县兽疫防治所等事项的训令，函，呈，电，1940.2-8 [A]，卫生署，抄发兽医学校附设兽医国药治疗研究所简章等，1940.5.11；余玉琼：马政司成立以来业务进行概况 [J]. 兽医月刊，1940，4 (12)：8-9，“增设研究班，研究高深学术、兼培师资，创办国药治疗研究所”

⑤ 本校附设兽医国药治疗研究所启示 [J]. 兽医月刊，1939，3 (2)，“目前抗战时间，急需国药，代替西药，以利马骡治疗”

教官所员，倘有本校毕业同事，具有上述经验者，尤为欢迎。”① 其具体的筹办，参见附录 11 档案资料。

其创办的目的主要是寻找西药替代品，也兼发扬国药，主要还是战时的需求。归属陆军兽医学校。招募的人员可以有两途径“（甲）各部队或军事机关学校保送现职国药兽医”“（乙）兽医国药治疗经验自愿投效或经介绍”②，设置岗位如附录表格所示。一般 6 个月为一期，毕业的人员可获得证明书，成绩优良的人还可留所工作。主要的课程有三个方面，兽医专业知识、兽医实际操作和其他课程。“训练课程③（甲）专门学科 军马卫生实施法　简照生理解剖学　病马看护学　外貌学　传染病治疗法　外科　一般之消毒法及国药兽医必修之课程。（乙）专门术科　诊疗实习　解剖生理实习及简易卫生实习等。（丙）普通学术科　政治训练　军事训练”。对专任教官的要求“确有兽医国药治疗研究经验任之宁缺毋滥”强调教官的中兽医背景，即表明在中兽医方药方面要有经验与见解，能在国药研究中，发挥实际作用，强调宁缺毋滥，即表明了开设研究所的决心与期望，即能够通过国药研究，开发新的国药资源，能够为战时的需求提供有力保障。

兽医国药治疗研究所的创办，在兽医发展方面，拓宽了新思路，一批中西兽医兼容的兽医学家涌现出来，对中西兽医的融合发展，起到了很重要的作用。比如夏鹤笙，他是河北巨鹿人，出生于杏林世家，也是当时的国手，从小就受到中医的熏陶，1922 年毕业于陆军兽医学校正科第八期，并在军中担任兽医一职十五年，他认为“殊不知学术不分畛域，医理绝非两途，夫中西药，各有短长，而取舍由

---

① 本校附设兽医国药治疗研究所启示［J］．兽医月刊，1939，3（2）

② 甘肃省档案局，29-1-410，卫生署，甘肃，福建，陕西等省卫生处关于警务，军训法规，兽医国药治疗研究所简章，组织规章大纲，防治天花，脑膜炎及惠赠刊物等的训令，代电，公函，1939.4-12［A］，蒙绥防疫处第 208 号，1940.5.9，抄正陆军兽医学校附设兽医国药治疗研究所简章草案，1939 年 10 月

③ 甘肃省档案局，29-1-410，卫生署，甘肃，福建，陕西等省卫生处关于警务，军训法规，兽医国药治疗研究所简章，组织规章大纲，防治天花，脑膜炎及惠赠刊物等的训令，代电，公函，1939.4-12［A］，蒙绥防疫处第 208 号，1940.5.9，抄正陆军兽医学校附设兽医国药治疗研究所简章草案，1939 年 10 月

我，择善而从”“尝以西医为体，而以中药为用。”①

二、兽医国药研究成果

从兽医国药治疗研究所筹办开始，就有很多兽医名家参与研究工作，除了前面提到的夏先生，还有兽医名家郑藻杰在兽医国药研究方面颇有建树，他曾出版了《兽医国药及处方》②，是他在兽医国药研究方面的总结。

《兽医月刊》在1939年第3卷第3期开始，开设国药研究专栏，这一期刊载了两篇兽医国药的文章，一篇为“国药刍言”③，对国药的历史及价值和未来的挖掘做了介绍，一篇为“中药的有效成分”④，为中英文双语文章，肯定了中药的价值，并通过科学视角去分析发掘中药的更大价值。以后每期一般有两篇国药研究相关的文章，一直到第5卷第7-9期。在《兽医月刊》改版为《兽医畜牧杂志》后，就没有再设国药专栏，对兽医国药研究比较集中的发表于《兽医月刊》，从第3卷第4期开始，郑藻杰的“国药药物讲话”⑤ 开始刊载，主要阐述他的国药研究理念“以西药的药成分分析讲中药药性”，既融合了科学观念，又可中西医融汇，有创新意识。还分别介绍了不同类别药物的药性，比如关于杀菌药物的药性，主要分析了国药中有杀虫效果的药物如使君子（君子或留求子）（*Quisqualis indica* L.）中含有除虫菊质（酯）（Lorea Pyrothricn）⑥，还有发汗解热药物的药性等，⑦ 这篇讲话在以后的各期中不断刊载续篇，一直延续到第5卷，是兽医国药研究的重要理论基石。另有一篇是兽医国药治疗研究所集

---

① 本校附设兽医国药治疗研究所启示［J］. 兽医月刊，1939，3（2），崔步青1939. 9. 15“夏君鹤笙冀之巨鹿人，先人数世儒医，固均当代之国手也。君肄业中小学时，受以先人熏陶，颇悟岐黄之妙，民十一年毕业陆军兽医学校正科第八期，服务军旅充中级军兽医职垂十五年，尝以西医为体，而以中药为用，经验见解每为己辈所悦服，抗战军获西药来源不易，君着手兽医国药治疗学，为本届之参考”

② 郑藻杰：兽医国药及处方［M］. 南京：畜牧兽医图书出版社，1957

③ 国药刍言［J］. 兽医月刊，1939，3（3）

④ 中药的有效成分［J］. 兽医月刊，1939，3（3）

⑤ 郑藻杰：国药药物讲话［J］. 兽医月刊，1939，3（4）：15-19

⑥ 郑藻杰：国药药物讲话（续）［J］. 兽医月刊，1940，4（7-9），（10-11）

⑦ 郑藻杰：国药药物讲话（续）［J］. 兽医月刊，1941，5（1-3）

"验方鳞爪"①，是通过具体的中兽医药方通过实验检测，确定其有效成分和临床治疗效果，这一期勘验的是"急性胃加答儿"即急性卡他性胃炎。在之后的一些部分陆续刊发了治疗牛膀胱炎的方剂②等多种实用性强，有科学实证的方剂。

中兽医传统方剂经过多年实践与验证总结出来，具有极高的实用价值和传承意义，除了个别的由于历史原因未加纠正或是方剂流传过程中，出现笔误或错误等，其余对非传染类疾病治疗效果显著。尤其对于消化系统、呼吸系统、循环系统、运动系统、生殖系统以及皮肤等方面的疾病，有很多行之有效的方药。比如牛鼓肠③，可以通过中兽医方："研麻子取汁，温令微热，灌之，五六升许，食生豆腹胀垂死者大良"进行治疗。《疗马集》④中对于马的很多疾病都有症状描写和治疗方剂，在"马前结"的方剂中，有"滑石、木通、牵牛、酥油"等⑤，这些都是泻下的药物，便于润滑肠道，缓解鼓气与便秘等，都是有科学依据，通过实验证实的。

在第4卷（1-3）期的校闻中，还重申了"西药源竭价昂，努力研发国药"。⑥在编后部分又表达了发扬国药的愿景"愿我们所有国药界同仁，一致努力，以期对世界文化有所贡献"。⑦在档案资料中，对兽医国药研究方面也有很多奖励的记载。⑧1943年中畜所畜牧组对西南四省的调查报告显示，有很多疫病还是由民间兽医的土法防治，"牛瘟、乳房炎、跌伤、癣、猪肺疫、鸡瘟、马所口疮、急性疮、皮肤炭疽、慢症、水胀、腹痛、气热症、腐蹄病、鸡膈食病、泻症"等，⑨并且在附注中提到"农民对牲畜疾病，或请土兽医诊治，或自

---

① 郑藻杰：验方鳞爪［J］. 兽医月刊，1939，3（4）：19-20

② 沈更生：验方鳞爪［J］. 兽医月刊，1940，4（10-11）

③ 中华书局. 兽医易知［M］. 上海：中华书局，1919：42

④［清］周海蓬著，于船校. 疗马集［M］. 北京：农业出版社，1959

⑤ 这是两种马的常见疾病，现仍多见

⑥ 校闻［J］. 兽医月刊，1940，4（1-3）

⑦ 编后［J］. 兽医月刊，1940，4（1-3）

⑧ 陕西省档案局，73-3-408，畜牧兽医，奖励国药兽医有效良方暂行规则［A］，1939.9.15-1940.1.7：15-22

⑨ 中畜所畜牧组：湘桂黔滇四省畜牧初步调查报告［J］. 中国畜牧兽医汇报，1943，1（1）：53-89

给万金油八卦丹，或服以中药方”。即在西南四省，除了广西在牛瘟血清与疫苗研制方面较有成就外，其他三省很多疾病仍需民间兽医进行治疗。[①] 在其后的兽医问题中，也对牲畜的损失做了简单的总结，作战和运输损失牛、马较多，瘟疫和屠宰损失牛、猪较多，强调了因为疫病绵羊业也受损，也提出要进行“诊治及技术防疫，有效中药之研究”。对兽医的发展，在诊治、防疫、药品等多方面提出了要求。同时，也关注传统医学的研究。[②] 从兽医国药方剂研究，到传统医学理论溯源，都是对中兽医传统思想与技术的发掘与梳理。也是民国时期兽医发展的一次创新，为以后的兽医药理研究，提供了更多的素材。

在陕甘宁解放区，毛泽东同志强调继续发挥中兽医作用，主张中西兽医联合防治家畜传染病。[③] 积极开展中兽医培训班，培养中兽医人才，通过发动民间兽医参与研究防疫药物，充分保障了西北地区的畜牧业发展，进而推动了中兽医的发展。在江西地区，“设旧兽医训练班，招乡间土兽医，时间为二周，发津贴、疫苗、血清等”，[④] 便于他们回乡间防疫，同时还组织农民兽医讲习会，传播兽医知识。都是战备资源紧张的情况下，积极应对战争与经济发展需求。

第三节　中西兽医融合发展

纵观民国时期的兽医发展，西兽医教育体系的建立、兽医管理机构的发展以及兽医执业的规范，经历了从无到有的革命性进展。相较而言，中兽医因为社会、科技、战争等原因，发展较为缓慢，尤其在农村地区，中兽医仍然是从业的主力。在特殊时期，物资紧缺的情况下，成立专门的兽医国药研究机构，创新思维、中西结合的理念，从国防和经济的角度，保障了畜牧业的发展，支撑了抗战的需求，为最终赢得抗战的胜利奠定了坚实的基础。

---

① 中畜所畜牧组：湘桂黔滇四省畜牧初步调查报告［J］. 中国畜牧兽医汇报，1943，1（1）：53-89

② 周本正：中国医学起源及其发达之状况［J］. 兽医月刊，1940，4（10-11）

③ 毛泽东：经济问题与财政问题［M］. 沈阳：东北书店，1949：35-37

④ 余效增：江西兽医业务之鸟瞰［J］. 兽医月刊，1941，5（1-3）：32-33

在中华人民共和国成立后，国家领导人充分肯定了抗战时期民间兽医的工作，并延续当时的指导思想，① 对中兽医发展高度重视，将中兽医的发展列入计划，1956年由国务院发布了《关于加强民间兽医工作的指示》，1963年又发布了《关于加强民间兽医工作的决定》，关注中兽医技术与文化传承发展，整理发掘了数十部中兽医古籍，使中兽医珍贵的资料与素材得以保存与流传。

一、中西兽医结合治疗的推进

首先，从“废止中医案”到抗战时期，兽医国药研究机构的成立，主流思想仍是“废医存药”。认为中医理论模糊不清，不像西医理论简单清晰；但是中药经过几千年的积累总结，是被验证过药效的，所以可以通过对中药的研究分析，通过西医实证医学进行验证，其药物的相互搭配和有效成分是科学的。最初的中西结合治疗思想，主要还是西医与中药的结合，由于西药生产需要设备和仪器较为复杂，原材料也比较多，所以生产不便，尤其在战争时期，运输业极不便利，一些药物因保存条件不足，又不适宜远途运输，所以开发中药资源，就是极为可行的议题。陆军兽医学校兽医国药治疗研究所正是在这样的前提下产生的。而且根据其成果来看，还是比较有效的。

其次，是针对中兽医培训的中西医结合治疗。民国时期西兽医科技引入后，虽然在国内迅速建立了很多学校和兽医管理机构，但是培养的人才较少，不能充分满足需求。② 尤其在农村等西兽医科技不能充分传播的地区，中兽医仍是家畜疾病诊治的主力。充分发挥中兽医的作用，通过对中兽医培训防疫知识，进行偏远地区的家畜疫病防控，还可以兼顾其他家畜疾病的诊治。有效利用中兽医在内科、外科、产科、中药等方面的优势，补充中兽医在防疫方面的不足，通过中西兽医的优势互补进行家畜疾病的防治。③

最后，在陕甘宁解放区，毛泽东同志高度重视中兽医的作用，认为中兽医流传千百年自成体系，不能直接用西兽医机械性的取代，要

① 毛泽东：经济问题与财政问题［M］. 沈阳：东北书店，1949：35-37
② 余效增：江西兽医业务之鸟瞰［J］. 兽医月刊，1941，5（1-3）：32-33
③ 国药刍言［J］. 兽医月刊，1939，3（3）

兼容并蓄，积极开展中兽医培训班。1947年，在朱德同志的指示下①，华北大学农学院聘请了多位知名中兽医到学院授课，进行中兽医的传播与推广，而且还成立了以中兽医为主的兽医院和兽医教育工作站，采取中西兽医结合互助的方式学习②，对中兽医有很好的研究、传承作用。而且还成立了兽医制药厂，促进了解放区畜牧业的恢复，保障了解放战争的胜利。中华人民共和国成立后，国家领导人高度重视中兽医的发展，创建了专门的中兽医学校、研究所，在很多农业大学的兽医系开设中兽医专业。并组织整理中兽医著作，促进了中兽医的发展。

二、中兽医的培训与教育

民国时期，由于西兽医培养的人才数量较少，不足以遍布全国，毕业生一般都到军队、学校和兽医管理机构任职，开办的家畜病院也都是在大中城市，或是属于相关兽医管理机构，所以这段时间，在基层农村从事兽医诊治工作的主要还是中兽医。虽然人们在观念上已经全盘接受了西兽医的优点，但是并不是都能请到西兽医诊病，西兽医使用的药物，药效还不像现在这样好，价格比较贵，而且不太方便。当时西兽医主要负责的内容还是兽疫防控方面。

这一时期针对中兽医的培训，多是进行西兽医科技知识的传播，这些知识都是以预防兽疫为主，兼有其他兽医知识。让中兽医了解家畜疫病的传播模式、防疫原理。充分了解不同疫病的诊断液、血清、疫苗、菌苗等的使用方法。并推广家畜的注射方法等。使基层中兽医可以迅速掌握家畜疫病的防疫方法，起到基层防疫作用，并进一步推广防疫知识，使民众建立防疫意识，避免家畜疫病的大规模暴发。

中兽医的教育方面依旧秉承传统，按照家传或是师徒方式进行传承。由于相关记载较少，从流传下来的中兽医专著来看，当时的中兽医发展也还是按照传统方式进行。在一些地区，比较杰出的中兽医还针对当时的家畜疫病进行研究，结合家畜疫病的传播规律等，进行相关药品的研制，并且取得了一定成绩。这在前面两节都已经论述，无

① 农讯（合订本），华北大学农学院，1949“要学习和研究中兽医学术”

② 中国近代畜牧兽医史料集［M］. 北京：农业出版社，1992

论是民国政府还是陕甘宁解放区，都开始重视国药的价值。尤其陕甘宁解放区，还会请知名的中兽医走上讲台，将中兽医知识广泛传播，并开始发掘中兽医资源，整理中兽医专著。

第四节　中兽医的传承

从历史上来看，中兽医的传承与其他传统职业一样，采用家传或师徒传承方式。中兽医教育基本与中医教育模式相同，一般是先学典籍，《黄帝内经》《脉经》《难经》《伤寒杂病论》，学习理论知识，然后再学习方药、本草等，将这些内容了然于心。很多中兽医都兼任中医，也是因为学习的基础相同，所以很多诊治范围可以相通，比如，《医牛宝书》的作者章兴旺还可以兼治人的骨伤。学习完基础知识后，一般中兽医会学习《元亨疗马集》等兽医经典，然后跟随有经验的兽医学习诊疗技术、用药方法等。很多内容是只可意会，不能言传的，需要学习者自己的体悟。在中兽医传承的过程中流传下来，比较直观的就是中兽医的专著。

一、中兽医专著的发掘与利用

在民国时期，地方上整理发掘的中兽医著作有《疗马集》①（1788 年，1908 年发现），《医牛宝书》（1886 年，1918 年发现）②，《驹病集》（1909 年）③ 还有《治骡良方》（未查到相关资料和书籍），另有一部 1952 年整理出版的《治骡马病偏方》④ 不知是否与《治骡良方》有关，这个并未查到其间的联系，所以暂时不做探讨。

从几本著作的作者来看，都是资深的兽医，通过对之前著作的整理和自己的总结而形成，可以作为教材流传下去。几本书各有特点，《疗马集》是治疗马病的，每页附有马的病症图，对各种病症的马的形态、特征都突出表现，便于识别，并附有诊治办法，一般以用药为主，也有用火针的针灸疗法。《医牛宝书》则是以牛病为主，从基础

---

① ［清］周海蓬著，于船校．疗马集［M］．北京：农业出版社，1959

② 江西省中兽医研究所．医牛宝书［M］．北京：农业出版社，1993

③ 陕西省畜牧兽医研究所中兽医室．校正驹病集［M］．北京：农业出版社，1980

④ 游俊龙．治骡马病偏方［M］．兰州：甘肃人民出版社，1952

理论到用药、针法等，都有详细的记述。是比较全面的牛病诊治手册。并且首次出现了牛内脏的解剖图，有眼睛的结构图，还有显示犊牛在产道中位置的下胎图，更容易理解和掌握犊牛接生的要义，这也是因为牛的头部比较大，在生产过程中，容易发生难产，降低犊牛的成活率，并且也会给母牛带来危险，所以在中兽医的技术要求上，接生方面牛往往比马要难度大。从这些方面来看，比以前的兽医专著更为进步。《驹病集》则是以幼畜为主要研究对象，通过对其他三种书的综合总结而成的，弥补了其他著作中幼畜介绍较少的不足，而且由于幼畜本身体质较弱，容易发病，但很多病症又只是在特定时期发病，所以有这样一部专门的论著，对幼畜的诊治可以方便许多。由于兽医国药治疗研究所的成立，郑藻杰也对国药良方进行了分析，整理成《兽医国药及处方》，也是对中兽医的一种发展与传承。

1952 年出版的《治骡马病偏方》，内容较为简洁，其中只有 13 个偏方，治疗炭疽、黄症、结症、肚子疼、胃口不开、鼻疽病、咳嗽气喘、破伤风、心悸、出黑汗、拉稀、眼生云障、鞍伤、创伤。都属于常见骡马病。这些偏方应该也是民间长期流传下来的。当然，在不同地区家畜疾病都有不同的特点，从中兽医专著的发现地区，也可以了解一些中兽医的传承特点。

二、不同地区中兽医传承的特点与差异

从已经发现的中兽医著作来看，发现地区有浙江、江苏、江西、湖北、湖南、四川、贵州、山东等。其中，江西地区发现了中兽医著作《抱犊集》《医牛宝书》《养耕集》，这一方面与江西地区的兽医注重总结有关，另一方面与后来江西地区重视中兽医著作的发掘有关。从三本书的内容来看，都是有关牛病的著作，说明江西地区的耕牛使用较多，所以对牛病总结著作较多。江苏兴化的《牛医金鉴》、湖北荆州的《相牛心镜要览》、湖南常德的《牛经大全》都是有关牛病的总结，这与晚清时期养牛较多，对牛病注意总结有关。山东临淄发掘的《疗马集》内容出自《元亨疗马集》，是对之前著作的总结与提炼，由于其成书的年代较早，所以可能只关注了马病部分。贵州遵义发掘的《猪经大全》，是我国中兽医著作中唯一一部关于猪病的总结。这可能与贵州地区的养殖品种有关。贵州山地较多，可能养猪比

较适宜。浙江地区《串雅兽医方》则是包含多种家畜，不只有马、牛、猪，还包含狗、猫、鸡等，四川地区的《活兽慈舟》也同样包含多种家畜，说明江浙、四川地区，养殖的动物多种多样。

从著作的作者来看，《串雅兽医方》的作者赵学敏，其父是当地著名的医生，他子承父业成为一名中医兼中兽医。《养耕集》成书是由作者的儿子执笔完成，得以流传。《牛经大全》是兽医黄东海师徒5代传承的手抄本。《牛医金鉴》是由许姓兽医总结的，已经传8~10代。《活兽慈舟》也是川南民间流传下来的中兽医著作，父子相传，师徒相承，传承多代。从这些书的作者介绍，可以了解到，中兽医的传承，主要还是家传和师徒两种。而一般来说，中兽医著作也与中医著作一样，是通过内部的传承保存下来的，一般都为手抄本。只有少量是通过专门的书馆刻印，广泛传播的，如善成堂刊刻的《相牛心镜要览》、双贤堂刻《牛经切要》。

第四章　中国兽医现代化：交锋与融合

中国兽医现代化的过程，是一个交锋与融合的过程。当然这个过程从时间长度来看，并不是很长。因为中国兽医现代化的主线，是西兽医科技的引入，现代兽医教育体系的形成、管理机构的创建以及兽医科研系统的确立。在此过程中，西兽医并未受到中兽医的影响和冲击。在社会变革的情况下，战争和疾病频繁暴发，使人们顺利地接纳了现代兽医。相比较而言，中兽医在西兽医的引入后，受到了一定的冲击，一方面是“废止中医案”让人们对传统医学产生了怀疑，另一方面是在社会变革过程中，各项体制的变革产生后，中兽医并未受到重视，从而在执业、教育等方面，没能与时俱进，从而在发展传承方面受到了影响。这个影响主要体现在中医传统理论和技艺的传承。由于中兽医的很多方法和技术不能通过西兽医的实证科学进行验证，也不便于用西兽医教育的方式，通过中短期学习和培训掌握，而且也没有标准化生产模式，所以在传承和考核方面容易受阻。

第一节　中西兽医体系的特点比较

中西兽医体系都是系统理论与实践的结合，它们的理论体系不同，实践方法也有差异。以中国为例，中国的大部分地区是内陆，尤其农业、畜牧业发达地区，几乎都是内陆地区，由于农业是主要生产方式，所以稳定是发展农业的基本条件。历代统治者都重视农业发展，所以一般不允许有大的人口流动，一般人都在一片土地上生活，土地就是他们累世传递给后代的资源，所以要保持自己的资源不枯竭，就要求人们重视人与自然的和谐发展，保障资源可以有效传递。所以会形成“天人合一”的整体思想，中兽医在其发展过程中也受这种思想影响，在给家畜诊治并不是“头痛医头脚痛医脚”，而是通过对家畜病症、习惯和周边环境等多方面因素，综合考虑进行治疗。

西方国家较多，一般以欧美为一体，从历史来看，欧洲国家和后来建立的美国，都有较长的海岸线，是通过航海贸易发展起来的。欧洲早期文明国家希腊和罗马，也是以贸易的城邦和帝国为主，所以形成了较好的数理逻辑、天文学知识，西方的炼金术也促进了化学的发展。为后来工业和科技的崛起，奠定了较好的基础。西方医学是建立在解剖学基础上的实证科学，所以促进发展了生理学、病理学、药理学等。显微镜的使用，促进了病原学和组织学的发展，所以逐渐形成了西方医学的病因治疗，即对症治疗。

究其原因，应追溯到中国与西方的哲学与思想体系的差别，这与中西方文化起源息息相关。当然也与不同地区的生活环境和生产模式有关。

一、中西医哲学背景的再思考

“天人合一”观念是中国传统文化的精髓，对中国人影响深远。中医的理论基础即“天人合一”的整体观。儒道等皆有“天人合一”的哲学思想，但对“天人合一”的释义却不尽相同。儒家的“天人合一”是指在道德心性论基础上的主、客未分的“天人一体”。①道家的“天人合一”观最早出现在先秦，《道德经》曰：“人法地，地法天，天法道，道法自然”。(《道德经》二十五章)② 其中，自然是自然而然之意，顺应万物发展规律。“夫物芸芸，各复归其根。归根曰静，是谓复命。复命曰常，知常曰明。不知常，妄作凶。”(《道德经》十六章）万物都有其内在的变化规律，由此，老子以其大智慧归结出“无为”的哲学思想。“无为”并不是无所作为，而是“无违”，不妄为。③ 不违背自然规律，顺应生态环境的自然趋势发展。“道生一，一生二，二生三，三生万物。万物抱阴而负阳，冲气以为

---

① 蒋中华，严火其．儒家生物多样性智慧研究［J］．南京农业大学学报（社会科学版），2012，12（2）：131-137．蒋中华，严火其．论儒家气论的生物多样性智慧［J］．自然辩证法研究，2012，28（4）：88-94

② 刘学智．“天人合一”即“天人和谐”——解读儒家“天人合一”观念的一个误区［J］．陕西师范大学学报（哲学社会科学版），2000，（6）：5；王弼．道德真经注［M］．//道藏：第12册，302

③ 张建东．先秦道家思想与《黄帝内经》［D］．郑州：河南大学，2005

和。”此处的“一”就是宇宙的本体亦是“道”，“一”分裂为阴阳，然后又衍生出世间万物。庄子继承了老子的学说，云“人与天一也。”“天地与我并生，万物与我为一。”①《太平经》继承老子思想强调世间万物与人同源于“道”，“道”是宇宙万物的本根，继而《太平经》用“气”的概念解释老子“道”的创生思想，“天、地、人本同一元气，分为三体”。②

所以说人与自然环境是一体的，中医学讲究整体观，当然这个整体观也是将人看成一个有机整体，而不只针对患病部位。所以形成了阴阳五行学说、藏象学说、经络理论、体质论、病因论等，还有中药的四气五味药性，独特的辨证论治观，秉承朴素的辩证唯物主义。中医学并不是简单的科学，而是包含着与病患间的关系、病患与自然间的关系等，更融合了社会学、人类学、心理学、甚至生态学的观念。因何生病，如何祛病，对待不同的患者有不同的方式。了解疾病不仅是病症的体现，也是社会关系的一种反映。中医的形成模式源于中国传统社会的稳定性，村落的发展是基于亲缘性的卫星式扩增，形成了小的生态圈，是一个熟人社会。在每个乡村，人们都有固定的职业，医生也不例外，一般都为家传或学徒式传承。在稳定的小圈子中，一般人口的扩增不会爆发式增长，一般从事各个职业的人数，也是差不多趋于稳定的。所以，一位医生会形成固定的行医范围，他会了解这一地域的地理、气候、饮食、疾病等特征，甚至对每位病人的脾气秉性、家庭资产等都会了解，他会根据经验进行诊治方法的调整。

中医的理论非常简单，所有疾病的产生原因都可以用简单的理论去解释，但是一般人的学识思维是很难理解的，所以在古代，一般从事医生工作的人，都要有很好的知识背景和基础，古人常说“不为良相，便为良医”。在古代，一般医生也是知识分子，属于精英阶层，需要学习很多典籍，融会贯通，再经过多年实践，才可以成为医生。但是中医实际操作则比较复杂，要根据病人不同的状况对方剂进行加减，比如说简单的感冒，中医会分风寒和风热，虽然可能症状相

① 郭象注，成玄英疏．真华真经注疏［M］．北京：中华书局，1998

② 张晓瑞．道家生态思想下的人居环境构建研究［D］．西安：西安建筑科技大学，2012．王明．太平经合校［M］．北京：中华书局，1996

同，但是治疗方剂却会有差别。

西方科技文化的发展，促进了文艺复兴后科学真理论的形成，将医学看成是科学的研究。西医的哲学思想则源于文艺复兴时期的机械唯物主义，认为物质都是可以进行分割的，面对病症时，只见器官不见病人，病因与病原都是可以通过消除的方式，使患者康复。这与西方的早期文明关系密切，西方文化大多是航海文化，这成就了他们的冒险精神，认为人可以通过工具战胜自然，而且通过航海贸易，他们获得了很多其他文明的先进医学和一些优良的药物如金鸡纳等，促进了西医学的形成。

西医学的建立是基于解剖学的发展和血液循环的发现以及显微技术的不断进步。尤其是通过显微技术，可以分辨病原微生物，西医学也逐渐发展为实证科学。其中比较有代表性的传染病学中“科赫三原则”，即确定某一疾病的病原，首先要在患病者身上分离得到病原，进行培养，将培养后的病原，再注射到试验动物身上，如果动物也发生同样症状与病变的疾病，则证明这个病原是准确的，可以针对性治疗，就是有既定的原则，一定要通过确定的方式获得准确的信息，则可以进行后面的程序。可以说早期西医东渐的成功，源于传教士的心理战术、抗菌药和血清的产生。

西医学的理论较为复杂，分科很多，每个科目都有自成体系的理论，诊断方式也主要依靠仪器，但是相对来说，医生学习和操作比较简单，西医分科较为细致，所以每个医生可以专注学习某科知识，这也与近代西方工业的发展相关。西医的模式与工业生产比较相似，要求标准化、程序化，不管是谁来操作，当然需要掌握基本技术，在同一条件下，即可进行诊治。西医把问题简单化，医学说起来是一个综合学科，在病症研究上是通过科学实验，在治疗病患上夹杂了心理学和社会学，甚至经济和政治的一些因素都可以影响医疗结果。

相比较而言，中医和西医的感觉有点像围棋和国际象棋，围棋规则简单，但是下起来千变万化，国际象棋每个棋子都有特定的规则，但是下起来相对好操作，当然这两种都需要学习训练，才能有获胜的可能。

二、中西兽医理论的构架差异

中西兽医理论的构架与中西医都是基于同样的哲学背景下，中西兽医的理论构架差异也主要源于对疾病的认识。中兽医的理论构架主要是阴阳五行学说、藏象学说、病因论、体质论等，所有疾病都可以通过这些理论进行解释，疾病的形成主要是因为患病动物机体平衡被打破，所以导致产生病症，治疗的过程也是通过药物或针灸等方式，将患病动物再调整到平衡状态。中兽医的诊断方式与中医一样，都是望闻问切，不需要辅助工具，就可以根据患病动物的表征，来判断动物的患病情况。一般治疗都是通过方剂的加减进行处理，或者通过经络理论，进行对穴位的针灸，促使整个机体的变化，达到治疗的目的。一般不开刀，对动物机体不造成大的创伤，便于疾病的痊愈。

西兽医则在各分科中各自创建基础理论，病理学以疾病为对象，一般会按照病因、病程、转归、预后几个方面去进行分析。而药理学则会从药性、药效、药动、药代几个方面去分析。诊断学则是通过诊断程序，对家畜先进行一般检查，再进行实验室检测，最后确定是哪种疾病。包括外科手术，每种手术都是有固定的术式，什么部位用哪种麻醉、切开的刀法，缝合的方法，等等，都是有固定的流程和处置方法的，每一步怎样做都比较明确。西兽医的各种理论都是基于每种专业分科，建立自成体系的基础理论，每种科目之间，都有着直接或间接的联系，所有这些组成了完备的西兽医理论。而且所有的理论和技法都是可以重复的。通过一定的培训就可以进行操作。但是西兽医很多疾病需要手术消除病因，手术就是一个创伤过程，也会对动物机体造成一定的伤害。

相比较而言，中兽医的理论与中医相同，就是几大基础理论组成了所有中兽医辨证论治的基础，诊疗方法上也就是望闻问切和方剂、针灸，组成简单，变化多样，需要中兽医操作时因时、因地、因患随时调整转变，所以需要很长期的学习与经验累积，不断总结，加以调整。西兽医的理论立足于现代科学体系，每种理论都是通过科学实证可行的，每个科目都有自己的基础理论，并且不断通过实验加以提高、发展。在诊治方面，医疗科技的不断进步，也促进了医疗条件的改观，很多辅助性的诊疗仪器不断推陈出新，诊疗方式不断精细、改进，也促成了很多疾病的治愈水平不断提升。在理论与操作上的差异，也促成了两种模式下，人才培养的差异。西兽医可以通过批量、标准化、程序化的人才培养，不断发展进步，促进行业和科技的发展。中兽医在这方面虽然也在进行尝试，在标准化、程序化方面，可能还是要转变思路，不能一味套用西兽医的发展模式，还应从自己的理论与操作入手，逐步运用现代化技术达到发展的目的。

三、中西兽医分科与系统比较

传统的中兽医按照治疗的动物不同，分为马兽医和牛郎中。历史上，一般来说马的饲养是受到一定限制的。在传统社会，冷兵器时代，马是很重要的战略物资，所以一般统治者都会控制民间饲养马匹的量，比如到清代，统治者是不允许汉人养马的，清代的马匹主要是由满蒙两族控制，京内和各地都设有马场，用于军队和驿站。而牛的话，在非牧区，一般是作为农业生产的重要物资，一般家庭都比较重视。所以看历史上流传下来的兽医专著，也都以牛马为主要研究对象。还有一部分地区的兽医是人兽兼治的中医。①

中兽医在疾病的诊治方面，一般相当于现在的全科医生，虽然在中国历史上就已经在区分兽病和兽疡。但无论是鼓胀、便结这样的内科病，还是骨折、役伤这样的外科病，或者下胎、去势等产科范畴，都是要全面掌握的。甚至包括一些相牛相马的买卖活动，都是要掌握的。所以在这样的要求下，一般传统中兽医是要对牛马等家畜的品种、身型、体格、牙、蹄等生理特征全面掌握，还要了解牛马疾病的症状、特点、病程、发展等，便于用药或用针的选择。

民国时期，西兽医的分科则是基于家畜疾病的不同理论基础。从当时西兽医教育学习的科目来看包括国文、东文、英文、物理、化学、植物、动物、解剖、生理、外科手术、组织学、相马学、药物学、调剂学、蹄铁及蹄病学、外科学、产科学、内科学、病理解剖学、细菌学、病理学、诊断学、畜产学、眼科学、卫生学、寄生动物学、农学大意、兽医警察学、马政学、木马学、动物疫论、军制与勤

① ［清］赵学敏著，于船，郭光纪，郑动才校注．串雅兽医方［M］．北京：农业出版社，1982

务、物理实习、化学实习、植物试验、动物试验、解剖实习、药物调剂实习、外科手术实习、组织实习、蹄铁实习、细菌实习、病理解剖实习、诊疗实习、乳肉检查实习、农场视察、体操及马术等，这是1930年陆军兽医学校的兽医课程。从民国时期的西兽医工作内容来看，其实主要分为临床和防疫两个方面。临床科主要是内科、外科和产科，这些内容分科也不像现在兽医学分科界限明确。在防疫方面主要是防疫理论与实践方面，了解兽疫传播，研制生物制品，防疫知识宣传等。

从中兽医的系统论和西兽医的系统理论来看，也有相似的地方，就是以脏器为核心的家畜机体系统。中兽医讲藏象和经络论，就是讲动物的机体分为以心为核心的五脏六腑、精气血津、经络等内容，彼此是相互联系，互相作用的关系，一般在诊治过程中，会考虑多系统的作用。而西兽医的系统划分则是按照脏器的功用划分为：运动系统、神经系统、循环系统、消化系统、呼吸系统、泌尿系统、生殖系统、免疫系统、内分泌系统等。但是在系统之间的联系则看得较轻。一般都是针对某一系统进行诊疗。

四、中西兽医诊疗手段的差异

中兽医的诊疗手段相对简单，诊断方面也是和中医一样望闻问切，治疗方面就是针药相辅，个别会用其他辅助器具，比如在外科治疗方面，清创手术治疗或是家畜阉割方面会用专门的工具进行处理，大部分都是使用方药和针灸。在传染病方面，有早期预防隔离的意识，并积极对家畜环境消毒。

西兽医的诊疗方面，从诊断上，有比较多的辅助仪器，帮助医生判断疾病发生的部位，通过一些显微技术，可以直接观察到病原微生物。在治疗上，由于注射技术的发展，使医生可以将成药直接注射到动物体内，药效迅速，主要体现在家畜疫病防控方面，还可以通过注射疫苗预防兽疫，通过手术的方法，对动物的一些创伤进行治疗。第二次世界大战以后，抗生素的发展，大大提高了手术病愈的概率。

从二者的比较来看，中兽医的诊疗手段简单，但是对医生的考验比较大，需要较多的经验和较好的操作能力，比如在针灸的操作方面，由于经络辨认较为复杂，尤其在动物机体上，不同的品种，穴位的位置会有不同，而且对于不同动物的实际作用也会有差别，所以在操作方面需要医生的长期积累与总结。而西兽医方面，辅助仪器的增加，降低了西兽医的诊疗难度，只是会增加掌握不同仪器的技巧，但是相对来说，操作较为简单。

第二节　中西兽医的相遇与摩擦

中兽医与中医有相似的教学理念和方法。民国时期，中兽医受到的冲击较小，主要原因一方面是战时的需求，在战争中军用物资的需求和高额的西兽医费用，让统治者转向中兽药的利用与开发，利用西兽医的研究手段，展开中兽药的分析、研究和批量生产。另一方面是西兽医进入中国的时间要比西医晚很多，直至中华人民共和国成立，西兽医培养的人才也不是特别多，所以对中兽医并未产生较大的冲击。但是在人们的观念中，还是觉得西方科技有其先进性，进而相信现代兽医科技的作用。

一、中西兽医的思想碰撞

西兽医的引入，虽然在一定程度上影响了中兽医的发展，但是总体上，对中兽医的传承与发展影响不大。中西兽医的相遇，在理论体系层面找到了一种共通性，即“治未病”。中兽医在发展中，还包含养生部分，通过固本增强家畜的免疫力，关注疾病的预防，达到“治未病”的目的，使畜主减少损失，也可以避免家畜患病的痛苦，增加家畜的使役时间，这是一种节能提效的思想。而西兽医初入中国，其对国人的观念带来巨大改观的，也是对家畜疫病的处置，通过注射疫苗，预防兽疫“治未病”。所以，中西兽医在对疾病的认知和控制方面，在思想理念层面达到了统一。西兽医也通过对家畜疫病的治疗和控制，迅速发展。由于现代的传播模式和政府的大力推广，使西兽医科技得到迅速传播，但是由于西兽医迅速扩增阶段始于 20 世纪 30 年代，所以对中兽医的冲击较小。但是由于政府的控制作用，在中兽医现代化方面，还是产生了一定的阻滞。但是并非像中医受到的冲击那么大。

在抗战期间，由于战事需求，西兽医药满足不了战争和生产的需求，所以西兽医中的专家也积极转向中兽医寻求新的方向。促进成立了兽医国药治疗研究所，并对传统兽医的方药进行积极发掘，整理了大批通过西兽医实证的方药。这也是一种新的突破，通过中西医结合的方式将中西兽医结合起来，发挥各自的优势，这在特殊时期，也获得了显著的效果。尤其在当时的国民政府高层中，无论是蒋介石还是陈立夫，都是传统医学的拥护者，十分肯定传统医学的作用。而解放区的领导，毛泽东和朱德都很关注中兽医的发展，不仅对民间兽医的工作十分肯定，也为中兽医的传承开辟了的新路径，让中兽医走上讲台，传播中兽医知识，扩大中兽医的影响，并建立相关课程。这在当时都有效促进了中兽医的发展。

当然，在中西兽医的理论体系中，还存在着很多的不同，包括病因、病程、治疗等，但是中西兽医之间并未像中西医的争论那么剧烈，或者说，整个民国时期，中西兽医之间的真正对抗并不多，因为西兽医进入的时间较晚，中西兽医也吸取了中西医之争的经验和教训，更多的是从中西医结合的角度入手，互相学习优势项目，最终协同发展，在思想层面找到共性，也是形成之后局面的有益基础。

二、中西兽医体系的包容性与排他作用

中兽医的理论体系中蕴含了很多道家思想，首推道家的包容性。在中国传统文化中，道家道法自然的思想是朴素唯物主义。所以中国在接受其他文化方面，是以一种包容和内化的方式，形成适应中国的文化与思想。中兽医在传承过程中，也深受这种思想的影响，能不断地吸收新的技术和模式。从历史上中兽医的变化来看，无论是教育发展方面，还是尸检、制药方面，都可以随着社会科技的发展，与时俱进。不断提高总结中兽医水平。所以，在西兽医引入后，中兽医可以积极面对西兽医的现代化技术，并充分学习、融合、发展。中兽医的传承中，也存在着排他性，这与中国其他传统职业相同，在传承中讲究师承，没有家传或师承的人，是不能通过看中兽医著作自学成才的，因为其中有很多经验和技巧，需要有人讲解传授。而且中兽医著作也是只能在家中或师门内流传，不能轻易传播的，所以往往一个兽医世家会有自己的独门技巧。所以中兽医的特点是，可以博采百家长处，但是传承要有选择。

西兽医理论体系是一种实证，所以在西兽医体系中，通过实验证实的，就是科学的，就是可以接纳的。所以在西兽医进入中国后，西兽医专家对中兽医的传统方药进行试验研究，通过证实的，可以验证其效果，并且明确用量的，即可开发研究，融合进入西兽医药理学体系。所以从这方面来看，西兽医也具有包容性，只是包容性是有门槛和界限的，不能通过实验证实的，就不能进入。从另一个角度来看，实证也是西兽医排他的一个体现。就是必须经过西兽医理论体系验证的，才能认可，没有通过验证，或是理论体系不同，西兽医往往就不能认可，这也是现代科技的一个排他性，即不能通过科学试验验证的，都是不科学的。所以，从这方面来看，西兽医的机械唯物主义观也影响了它的发展，虽然很多疾病可以通过西兽医诊疗治愈，但是也可能造成其他的伤害，这也是目前现代兽医在努力弥补的部分。

三、和而不同——政治、社会、经济视野下的中西兽医

中西兽医在对疾病“治未病”思想方面达到了共通。这也是中西兽医融合发展的基础。而在政治、社会、经济层面来看中西兽医，则有着更多的差异。

从政治层面来看，近代政府领导者对中西兽医都是接纳的，既立足于传统，也接受新的科技，现代兽医科技带来了很多新的方法，对畜牧业发展还是有一定的作用。所以，领导层面并不排斥新鲜事物。而且，由于西兽医的引入，政府可以通过兽医管理机构对全国的家畜疾病进行防治，对进出口产品进行检疫，并颁布相关管理条例，可以有效提升畜牧业产值。通过兽医教育体系，可以批量培养兽医专业人才，有利于政府的系统化和标准化管理。而对于中兽医虽然没有统一管理，但是也不排斥中兽医的从业，从这个角度来看，还是继承了原有的中兽医传承方式，改变不大。在一定程度上，对中兽医的培训和对中兽医药的发掘，也是对中兽医的肯定和发展。

从社会层面来看，民众对中西兽医也是都接纳的，对于经历了频繁的战争，生产生活都不稳定的民众来说，西兽医就代表着先进的技术，尤其西兽医在防治兽疫方面的推广，让社会对西兽医很认可。但是对于家畜的一般病来说，到家畜病院诊病还是有难度的，一是因为家畜病院分布不广，二是家畜病院的药品要较中兽医的方剂贵，所以

在基层来说，还是中兽医在从事家畜诊疗工作。简而言之，除了部分军队家畜和城市中的规模化饲养家畜可以通过西兽医诊治外，大部分的患病家畜还是由中兽医诊治。

从经济层面来看，西兽医的诊疗上需要的仪器设备和药品造价较高，家畜病院的开办上需要资金较多，对于一般的兽医来说，很难开设家畜病院，民国时期的家畜病院一般都是由官方开办的，从属于学校或是防疫机构。而中兽医的诊疗方面需要器具较少，而且携带方便，用药一般也价钱较低，而且中兽医一般是上门诊疗，患病家畜主人都比较喜欢这种方式，一般来说中兽医诊病如果开方的话，只收取药物费用，如果不开方或是针灸等，只酌情收取少量诊费。所以，相比较而言，中兽医经济实惠，还是诊疗的主力。

第三节　现代兽医体系结构的变化

西兽医引入中国，逐步建立了现代兽医学体系，在建立的过程中，也逐渐趋于平衡，各学科之间均衡发展，为现代兽医学发展奠定了基础。

一、兽医学的分科发展与平衡

北洋马医学堂的建立发展，是因为晚清时期统治者认为“兽医马政，关系建军基础，兽医人才之培育，刻不容缓”①，所以最早建立的兽医学校主要是服务于军队系统的，到 1913 年创办蹄铁科，都是围绕马的疾病诊治展开的。最初关注的都是一般疾病，从 20 世纪 20 年代以前出版的兽医图书②就可以看出，当时兽医的主要诊治对象是马，主要疾病一般是内科疾病。这与中国历代以马作为战略物资是息息相关的。到 20 世纪 30 年代，出版的专著和期刊，都开始向家畜疫病倾斜。《家畜传染病学》在同一时期出版了 3 种，还有《家畜传染病识别手册》等，都说明在这一时期，在家畜传染病方面发展迅速。在兽医期刊《畜牧兽医季刊》刊载家畜疫病相关的文章占 36%，

① 教育处．本校简史［J］．兽医畜牧杂志，1947，5（3-4）：1-4
② 中华书局．兽医易知［M］．上海：中华书局，1919

而在《兽医月刊》上刊载的文章是内科和家畜疫病两类文章分别为40%和20%。20世纪40年代以后，《畜牧兽医月刊》刊载的文章家畜疫病相关文章下降到28%，药理、病理、寄生虫相关文章有所提高。从《兽医畜牧杂志》刊载的文章来看，内科文章下降较多，降至9%。药理研究有大幅提高，从10%提升至19%，寄生虫的相关研究也有提升。从这一时期出版的专著①也可以看出，寄生虫研究有较大发展。药理学研究也进展迅速。从兽医分科的发展来看，各个方面趋于平衡，打破了之前某一学科占绝对优势的模式，逐步建立了现代兽医学体系。

二、生物科学领域的认知推动预防兽医学发展

欧洲在19世纪初创建了数十所兽医学校。随着显微镜的发明，显微技术的运用促使微生物学、细菌学、组织学、细胞学等方面迅速发展。② 现代兽医学在此基础上，逐步形成了家畜传染病学理论。并通过显微技术确定病原，推进了传染病学、病理学等发展。18世纪末，英国医生发现可以通过接种牛痘预防天花，是现代传染病学研究的开端。1857年，巴斯德利用曲颈瓶试验证实可以通过加热进行灭菌，产生了巴氏消毒法。开启了微生物和传染病学研究工作。科赫首先确定了发生炭疽的病原菌是炭疽杆菌，并且建立了微生物研究体系，确定如何获取、培养、分离、鉴定不同的细菌。进而形成他著名的理论“科赫三原则”。在病原研究方面取得了突破性进展。在微生物学研究方面的进展，推动了家畜病原学与传染病学的发展。在20世纪初期，多种血清、疫苗、菌苗、诊断液的研制成功，充分抑制了多种传染病的大流行和大暴发。并进一步使人们建立防疫意识，积极进行消毒、注射疫苗等预防工作。在疫病防控方面得到了大力改善。而且也推动了整个预防兽医学的发展。促进建立兽疫预警机制，深入探索疫病流行的各个环节，在时间空间层面都提出了新的观点。使作为先锋的家畜疫病研究达到新的高度。

① 赵辉元．家畜寄生虫病学［M］．安顺：陆军兽医学校，1947

② E. Leclainche. A Short History of Veterinary Bacteriology. *Journal of Comparative Pathology and Therapeutics*，1937，50：321-324

三、基础、临床兽医学研究的民族观与世界观

在兽医临床研究方面，中西兽医的发展，由于文化和科技的差异，形成了不同的体系。在中兽医的临床诊疗方面，一直以来都比较发达。方药和针灸，基本就可以解决一切病症，一般来说都是不需要开刀的治疗，最大保证了动物的机体愈合功能。西兽医的观点则是去除病因，简单直接的方式，将病因清除，但是不可避免地也会对动物机体产生新的创伤。但是对于很多疾病，疗效明显。从东西方的文化背景来看，这就是农耕文化与航海文化的差异，在民族的观念来看，这就是创新和革命的差异。中国传统观念中，虽然有着破旧立新的行为，但是从理性思维和文化传承上来说，还是在儒家文化的基础上，不断演进成熟的过程。而西方的观念，则是不同时代不连续的文化，会突然带来大的变革，人们容易突破思维，开创性地发现新的法则。所以，在中国近代的变革中，人们迅速接受西方科技，也是思想上的一种解放和飞跃。

在兽医基础研究方面，西兽医以解剖学为基础，探讨动物的机体、器官和系统，将一切理论研究可视化，通过实际验证，取得了很大的进步。尤其是显微技术发展后的解剖学、组织学、细胞学，将基础研究又带入了更新的领域。从基础研究的观念来看，东西方的大和小，宏观和微观，在现代兽医学中结合起来，从更多角度和层次有机结合，会有更多的收获。从现代兽医体系的发展来，到 20 世纪 40 年代，基础研究开始增加，这也说明，人们更多地接受和关注理论研究与实践，包括中兽医研究，也通过现代兽医科技，进行方药的实验证实，走上了国药科研道路。现代兽医体系发展日趋均衡。

第四节　中西兽医的融合与发展

中西兽医经历了相遇的过程，但是冲突与摩擦并不显著。虽然中兽医发展与西兽医发展相比，相对迟缓，但是两种医学在各自的模式下平行传承发展。一方面源于西兽医引入较晚，培养的兽医人才不足以遍布全国，大部分地区还需要中兽医进行疾病的诊疗；另一方面源于国人已不像晚清时期对西方科技一味抱着接受的态度，也对中国传

统医学有思考和肯定。所以，中西兽医通过各自可选择的部分，协调发展，并未产生对抗。按照中西兽医既定的道路前行。由于民国时期是比较动荡的时期，战争和家畜疫病都频繁暴发，给民众的生产和生活都带来较大影响，尤其抗日战线的全面展开，战略物资的匮乏和贸易、经济层面的需求，使中西兽医初步融合，通过兽医国药研究的方式，用西兽医技术开发中兽药资源，充分保障了战略需求。还通过对中兽医的培训，充分利用已有的民间兽医资源，促进全国家畜疫病防治工作。一方面接受现代兽医科技，另一方面将科技与本土资源相联系。当然，还有将中兽医请上讲台，传播中兽医知识，建立中兽医传承发展的新模式。

无论从政治、经济还是社会层面，中西兽医的融合发展都是大家比较希望看到的结果。而且希望通过一定的方式，让二者优势互补，协同发展。但是在推进中西医结合的道路上，由于中西兽医的体系不同，简单将西兽医研究模式代入中兽医体系，也并不可取。在药学研究上的应用，虽然取得了很大的进展，但是并不能一概而论。因为科学的发展，真理也不是绝对的，随着进步与变迁，很多理论也会发生变迁。中兽医的形成，如果通过西兽医实证，可能要设计多维度多因素复合实验进行验证，才能达到中兽医的诊治效用。其实从历史来看，中西兽医都经历了很多的发展阶段，在效果上，是经历了时间验证的。所以，医学的演进，并不能只看到科技的层面，还要看到哲学、心理学、环境学等多方面的作用。所以中西兽医的简单融合形成了现代兽医体系，它的发展还有更大的空间和更多的可能。

在中西兽医融合发展之后，现代兽医体系中的各个学科都有了进展。无论是药理、病理，还是寄生虫等方面，都有了比较新的研究成果。并且很多研究延续下来，成为后来各学校和机构的优势项目。并为现代兽医教育和管理奠定了基础。

第五章　中国兽医现代化对中国社会和经济的影响

中国兽医现代化的历程，正是社会制度大变革的时代。这一时期无论是从政治层面、经济层面，还是社会层面，都发生了巨大的变化。历经晚清、南京临时政府、北洋政府、广州国民政府、武汉国民政府、南京国民政府等多个时期。其间战争频发，社会动荡，人们的基本生存都得不到保障。在这样的时代背景下，中国兽医培养了一批有理想、有风骨的专家。与古代兽医们为实现“七十者可以食肉矣”的梦想奋斗不同，近代兽医学家所秉承的“防兽疫如抵御外辱”“为经济建设服务”等信条显得尤为可贵，通过他们的努力和钻研，在全国家畜疫病防控方面，取得了较多的成果，并且为中华人民共和国成立后一些家畜疫病的消除，奠定了坚实的基础。也保障了近代畜牧业的发展，尤其在战时的物资供给方面，发挥了较大的作用，为抗日战争的胜利，做出了较突出的贡献。在社会转型的过程中，也伴随着城市化的发展。人们生活方式也随之转变。人们打破了对兽医的传统认知，不再认为兽医只是治牛马，而是将兽医的执业与公共卫生、防疫检疫联系起来，扩大了兽医行业的工作范畴。尤其城市生活的发展，畜产品行业规模化和人畜共患病的流行，使兽医的工作愈来愈重要，在社会生活中占据重要地位。

第一节　中国兽医现代化产生的社会效益

中国数千年的文化传承，立足于朴素唯物主义的医学思想，让人们早就习惯了传统医学的诊治方法。“身体发肤，受之父母，不敢毁伤，孝之始也”的儒家思想，促使人们在疾病诊治方面也遵循这样的守则。传统医学中“天人合一”的思想和“助人自助”的固本理念，都使中医诊疗方式上，以一种不破坏的调和方式来进行。中医在诊治过程中，一般都是用方药和针灸进行，不需要借助过多的工具，方药的调制过程，一般也是煎熬为主，通过药物的加减，进行疾病的治疗。西医中的注射技术、手术方法等，在明末传教士的大力传播下，得到推广。人们见识到这些技术的神奇，在思想层面突破传统意识，接受了现代医学诊疗技术。中兽医也是秉承中医理念。所以西兽医的引入，由于有西医的基础，加之时间较晚。所以人们对于西兽医诊疗方式的接纳，应当说是非常迅速的。

中国兽医现代化带给中国的改变，也是思想层面的接纳与转变。虞振镛在《函送改进中国畜牧兽医事业意见由》① 中提出，发展畜牧业需要兽医业的保障。要消除社会人士贱视兽医心理，并在各县设推广所，大量培养初级兽医干部，促进农村兽疫防治，要通过编写兽疫防治小册子，在集市宣讲分发，促进农民的防疫意识，要在农民节宣讲，通过广播宣传、报刊赠阅等方式，提高全民素质，定期发行刊物，进行防疫宣传。要推进地方政府的兽医机构建设，设立兽医站，指定兽医警报员，启发人民兽疫防治意识，大力开展兽疫预防注射，保障人民生命财产安全。

在家畜疫病防控方面，产生的影响比较巨大。中国近代战争和疫病，给人们的冲击是比较大的。早期西医引入对公共卫生方面的促进是比较明显的。但是由于西医的推广仍只存在于城市中，所以对于基层农村的卫生意识建立方面，起到的作用不大。而家畜疫病多发生在农区和牧区，一般基层农村较多，随着现代兽医学体系的建立和官方管理机构的创建，兽医专业人才开始在全国各地宣讲家畜防疫知识和开展家畜防疫工作。并开展地方的培训工作，对乡村干部、乡村兽医进行培训，使人们建立防疫意识，达到全面防疫的目的。同时开展全国疫病的普查工作，深入西北、西南边区，了解家畜疫病发生情况，拟定家畜防疫计划，形成规模性的防疫系统。

尤其深入民族地区，团结少数民族群众，促进建立抗战统一战线。在特殊时期，建立比较密集的防疫网络，对全国起到辐射作用。在全民公共卫生层面建立防疫意识，促进全民健康生活。使人们在思

---

① 甘肃省档案局，30-1-359，农林部西北兽疫防治处办理，改进中国畜牧兽医事业意见书，中国农业建设文选，乳牛流产病检验论文等的函、训、令（1945. 11-1946. 10）［A］函送改进中国畜牧兽医事业意见由 1946. 4. 17

想层面接纳新鲜事物，形成新的观念，同时在行为层面，建立新的生活习惯，转变生活风貌。

第二节　中国兽医现代化带来的经济效益

中国兽医现代化的过程，也是接纳西方科技，走向农业工业化的进程。通过短短几十年的努力，现代兽医科技在中国落地生根。形成了与中兽医截然不同的体系。带有西方科技烙印的现代兽医，秉承的研究与实证之路，以诊治流程标准化，药品生产批量化，人才培养规模化三个方面，在畜牧业发展中，产生了有益的影响。当然，从零开始的历程很曲折，在中国特定的历史时期，有这样的发展与成绩，已经相当可观。到中华人民共和国成立前，有兽医教育的学校三十余所，成立的防疫机构、生物制品研制、生产机构数十家，生产各类疫苗、血清、诊断液等数十种，在全国几十个省进行家畜疫病防控工作，虽然疫苗的初期效力不是很高，但是仍然抑制了部分疫病的暴发，后期研制生产的弱化苗效果显著。尤其在上海地区，较早的消灭了牛瘟、牛肺疫等疫病。保障了畜牧业的发展，产生了较大的经济效益。在国际贸易中，出口额有一定增幅，在全面抗日战争时期，保障了战略物资的需求，为抗战胜利奠定了物质基础。

一、疫病防控与畜牧业发展

现代兽医科技保障并促进了畜牧业的发展。从20世纪全国牛瘟流行的情况来看，20世纪30年代是全国牛瘟暴发频繁的时间，除了个别地区外，几乎各省都有发生。所以牛瘟防控是中国近代兽疫防控上的重中之重，各防治机构和研究机构，积极探索牛瘟弱化苗的研制。全国宣传牛瘟防疫事宜，并编写防治手册，积极传播防疫知识，建立全民防疫意识。开设“兽疫防治培训班”“兔化牛瘟弱毒苗制造和应用短期兽医人才培训班”等进行兽医人才的培养。从各个方面进行牛瘟的防控工作。在20世纪30年代末40年代初，终于将牛瘟有效控制，这一时期研制的牛瘟弱化苗，效力高、成本低，便于推广使用。为中华人民共和国成立后，我国全面消灭牛瘟，奠定了坚实的基础。在猪瘟、猪肺疫、马鼻疽等疫病的防治方面都取得了进展。促进了我国畜牧业恢复和发展。尤其是经历抗日战争，多地生产生活受到影响。畜牧业的发展与兽医业的发展息息相关，以新疆为例，在1931年牲畜头数为542.8万头，到1933年下降至低于400万头，由于政府对畜牧业的推动与体制改革，大力促进畜牧业发展，开展畜牧兽医相关培训，并建立兽医院，聘请苏联专家，赴苏学习等，使新疆的畜牧业水平有所恢复，尤其是1935年在新疆地区消灭了牛瘟，促进了畜牧业的发展，到1942年，牲畜头数达到1 974.9万头，比1928年全盛时期的1 835.4万头，还提高了近130万头。① 陕甘宁边区的经济发展，也体现在畜牧业的发展上。陕甘宁边区的主要养殖家畜是羊，1940年羊的养殖数量达到172万只，但由于1941年羊瘟疫的流行，减少近万只，边区政府规定了兽疫的防治隔离办法等，预防兽疫的发生，有效提升了羊的数量，到1944年出口羊8.75万只，加上羊毛、羊皮、羊羔皮的出口，共创造产值逾边币11亿元。带来了巨大的经济效益。② 保障了抗日战争和解放战争的经济基础。也为边区的畜牧业发展奠定了基础。

二、畜产品产值变化与国际贸易

在畜产品贸易方面，由于我国国境线长，相邻的国家较多，牲畜的贸易在东北地区主要是与俄罗斯开展的，主要是马匹方面的贸易。与日本、美国、德国则是羊毛、羊皮、猪鬃以及其他副产品等。我国幅员辽阔，内蒙古地区主产牛、羊、山羊，察哈尔地区主要养殖牛、马、骡、驴，羊、猪、骆驼、鸡等。东北地区以马、驴骡、牛、羊、猪、骆驼为主。西北地区则是牛、羊、猪、驴、骡、马等为主要养殖品种。青海地区，牛罹患疫病死亡的比例可达90%~95%，兽疫一旦流行，造成的损失巨大。上海地区，则开展了早期城市农业，即规模化饲养，主要是牛、猪、羊、鸡、鸭等，有一批牛奶棚、养鸡场、养蜂场开展起来。一般这些养殖都是以外国引种为主。为此，上海地区的部分租界区，在1897年开始颁发《卫生营业执照》，1899年颁布

① 中国畜牧兽医学会．中国近代畜牧兽医史料集［M］．北京：农业出版社，1992

② 严艳．陕甘宁边区经济发展与产业布局研究（1937—1950）［D］．西安：陕西师范大学，2005

了《牛奶棚规则》，都是养殖发展的重要佐证。北京地区则在1860年就开始建立了金氏奶牛场，1909—1910年，陆续增加了18家，1920—1930年则增长到50家，养殖奶牛数达500头。到1937年有110家奶牛场，养殖奶牛1000余头。重庆地区也开展了奶牛养殖业。①

从1926年到1949年畜产历年输出统计来看（表5-1）。②1926—1935年，猪鬃的产量一直保持在4万公担左右，1936年达到了产量顶峰5.2万公担，1937—1940年，产量在3.6万公担左右，到1941年骤减到2.7万公担，1949年，只有不到1.8万公担，这说明养猪业发展也经历了起伏。1937年以后，一方面由于战乱的原因，造成畜牧业受损，另一方面也与30年代后期流行的疫病有关。但是从产值来看，1930—1933年，虽然产量略有下降，但是产值下降近半，这与国际贸易形式相关。从产值来看，虽然产量略有波动，甚至大幅降低，1934—1941年，猪鬃的出口产值都是逐步增加的，在1941年达到峰值4042万美元。带来的经济效益巨大。畜牧业的发展直接关系到经济收益。从蛋品的出口产值来看，1931—1936年较低，1937—1940年出口产值稳步增长，1940年达到峰值，近4000万美元。绵羊毛的出口产值，1930—1933年较低，1939—1941年也较低。山羊毛的出口产值1931—1934年较低，后逐步提升，在1940年达到峰值218万元。从这些数据来看，1931—1933年，这四种畜产品的国际贸易形势不好，一方面可能与这段时间的产量下降有关，也可能是与这段时间国际市场需求低迷有关。这段时间美国爆发了经济危机（1929—1933年），而我国的猪鬃、干蛋白、山羊皮、绵羊毛等，主要贸易国家就是美国。国际贸易市场低迷，也造成了畜产品出口收入骤减。当时，日本不惜冒着国际贸易剪刀差大量出口商品，使商品出口额迅速翻倍增长，这也引发了全球抵制日货的浪潮，造成日本工业产能无处倾销，最终为了打开中国市场，发动了侵华战争。所以国际贸易形势，往往会影响全球局势；全球局势也会影响国际贸易形势。

① 中国畜牧兽医学会．中国近代畜牧兽医史料集［M］．北京：农业出版社，1992

② 中国畜牧兽医学会．中国近代畜牧兽医史料集［M］．北京：农业出版社，1992：98

从1940年产值恢复来看，猪鬃、蛋品和山羊毛都达到了贸易峰值，说明这段时间贸易回暖。国内的畜牧业生产也得到了一定的恢复。1934—1936年，我国畜产品出口总值来看（表5-2），[①] 是逐年增长的，产值最高的以肠、蛋为主。在皮货出口方面，牛皮、羊皮的出口量有一定波动，产值变化也是随着波动起伏，除羔羊皮出口量增加，产值减少外，一般未见大的波动。畜产品在所有类别的占比来看也保持在23%上下。说明畜产品出口方面，占全国出口额的近四分之一，还具有很大的增长空间。

表5-1　1926—1949年产品历年输出统计

年代	猪鬃		蛋品价值（美元）	绵羊毛价值（美元）	山羊毛价值（美元）	皮货价值（美元）
	数量（公担）	价值（美元）				
1926	40 438	7 956 418	29 012 111	5 276 551	606 159	
1927	37 685	6 410 106	23 133 148	8 391 235	1 602 428	
1928	40 491	7 151 419	32 083 119	11 227 430	1 475 660	
1929	46 516	7 656 937	33 100 673	6 604 602	1 152 257	
1930	39 069	4 429 121	23 533 937	2 452 524	615 027	
1931	37 473	3 318 646	12 837 564	2 573 796	181 327	
1932	36 279	3 749 047	10 254 905	411 362	254 293	9 936 903
1933	41 276	3 079 406	9 611 315	3 035 936	421 296	8 410 048
1934	42 066	5 111 314	10 219 590	4 143 605	245 783	9 834 600
1935	46 263	5 880 356	11 629 383	5 163 151	440 477	8 563 716
1936	52 648	7 518 249	12 445 441	4 588 745	799 251	12 033 931
1937	40 449	8 182 256	15 493 652	5 693 176	474 594	15 761 792
1938	36 343	8 420 095	20 031 302	2 115 403	600 622	4 081 615
1939	33 327	12 335 271	23 579 887	745 301	539 793	2 697 961
1940	35 567	28 255 320	39 716 327	1 645 186	2 186 928	3 977 257
1941	27 402	40 423 278	19 267 688	1 044 345	1 185 274	4 407 491
1949	11 762	10 786 171				4 024 673

资料来源：农业部畜牧兽医工作专题研究[②]

① 中国畜牧兽医学会．中国近代畜牧兽医史料集［M］．北京：农业出版社，1992：100

② 中国畜牧兽医学会．中国近代畜牧兽医史料集［M］．北京：农业出版社，1992：98

表 5-2　1934—1936 年外销畜产品的数量及价值

	1934 年		1935 年		1936 年	
	数量（千公担）	价值（千元）	数量（千公担）	价值（千元）	数量（千公担）	价值（千元）
猪鬃	42	15 127	46	16 225	52.6	25 304
猪肠	24	7 029	27.6	7 332.6	30	9 603
猪油	12	534	30.5	1 083	28.9	1 132
干蛋白	25.7	7 620	33.6	8 163	38.0	10 003
冰湿蛋	338	12 872	368	12 684	404	14 848
鲜蛋	305	4 233	286	3 805	380	5 726
干蛋黄	35.7	1 618	47.8	2 939	53	4 617
冰湿蛋白	23	862	27	953	29	1 087
冰湿蛋黄	77	2 287	77.5	2 476	97.6	3 766
干蛋	2.9	424	6.7	817	9.7	1 434
鸭毛	48.0	4 272	39	3 794	40	3 856
水牛皮	23.8 千张	1 595	24.5	1 571	42	2 501
黄牛皮	52.6	3 981	43.4	3 134	103.8	8 006
山羊皮	7 296	6 609	6 263	4 953	8 105	8 400
猾皮	639	901	694	801	1 240	1 533
羔皮	1 516	6 985	1 627	3 725	1 994	5 616
黄狼皮	1 554	2 637	1 559	2 395	1 533	2 516
毛毯褥	428	2 098	916	3 819	1 301	5 526
绵羊毛	146	12 264	200.0	14 246	160.7	15 444
毛地毯	14	4 845	2.2	4 055	14.5	5 086
山羊绒毛	4.6	727	12.0	1 215	14.8	2 690
骆驼毛	9.8	1 374	16.5	1 995	12.1	1 888
骨（碎）	385	1 646	362	1 301	475	1 612

资料来源：中国畜牧兽医学会．中国近代畜牧兽医史料集［M］．北京：农业出版社，1992：100

第三节　中国兽医现代化对农业产业的影响

兽医现代化的直接作用，就是保障畜牧业发展。中国近代随着良种的引进和畜牧技术的提升，在规模化养殖方面，已经有了很大的进步。在上海、北京周边已经开设养殖场规模化养牛、养鸡，而且对于畜产品的检验方面也有了一定的提升。但是近代家畜疫病的流行，给规模化养殖带来很大的阻碍，一旦兽疫流行，可能养殖的家畜会死伤过半，严重影响了养殖户的积极性，还可能会影响养殖户的生命财产安全。所以迫切需要防疫的发展。上海地区针对牛奶棚进行防疫检疫，避免兽疫流行。“全市领照场达六十三家，结核病与普通肺炎为奶棚牲畜中最盛行，猪只各类传染病和寄生虫病，牛类并未发现炭疽和口蹄疫。”① 而且对于牲畜屠宰有严格的检疫，对于检验不合格的牲畜，则进行化制处理。② 如果私自宰杀将处以三千万罚款。③ 这些都是在认识兽疫的危害之后发展起来的管理工作。所以说，中国兽医现代化首先保障了畜牧业的发展，对畜牧业现代化，起到技术支撑的作用。

从畜产品国际贸易和产值数据（见本章第二节内容）来看，畜产品出口一般来说收益较大。除了大规模的经济危机，一般在战争时期，畜产品的消耗也不会受损太多。尤其像皮货、肠衣、猪鬃、干蛋白等国际市场比较受欢迎的产品，产值巨大。所以随着畜牧业的发展，对西北牧区、西南山区家畜品种资源和家畜疾病的普查，摸清了我国家畜资源和疾病种类。并针对多发家畜疫病，进行研究防治，在牛瘟、猪瘟、牛肺疫等多种疫病研究上，取得了进展。有些地区已经

---

① 上海档案馆，R50-1-1393-44，日伪上海特别市卫生局关于兽医事项工作报告(1943)［A］

② 上海档案馆，Q230-1-68，上海市立第一宰牲场有关伪上海市卫生局令知关于宰牲场兽医与化制场检验人员执行工作职权划分及宰后检验办法并菜市场要求派员讲解检验食品常识（1948）［A］“嗣后已运入宰牲场之牲畜，应由各宰牲场兽医负责检验，如有死畜或不合食用之病畜，由宰牲场车送化制场办理”

③ 上海档案馆，Q400-1-1366，上海市卫生局关于私立宰牲作兽医暂行办法(194603-08)［A］“据该局预算岁入检验费约三千万元，该暂行办法第二条兽医薪津由宰牲作负担一节，核与情理不合，且无形增加肉价影响民生，应予以删去”

消除了部分兽疫，保障畜牧业的发展。合理开发我国潜在的畜牧资源，促进西南、西北地区畜牧业开发，提升畜牧业在农业生产中的占比。创造更多的价值。尤其在西南山区，可以开发养殖业，增产增收。

民国时期城市现代化过程，推动了城市周边奶牛养殖等规模化饲养模式，并带来可观的效益，以近代上海为例，1943 年有办照经营奶牛场 63 家，单日送检乳品的有 29 余家。① 也就是现代都市农业的雏形。这种规模的养殖，与传统放牧不同，对家畜疫病防控有更高的要求，还可能影响到城市公共卫生，所以，兽医现代化，大大提升了城市农业的规模，促进了养殖场的开办，进一步扩大了畜牧业的发展范围，因为在城市周边，一般便于出口，可以创造更高的产值。而且农业与城市的发展密切相关，也容易较迅速得到市场反馈，便于养殖户的品种选择和规划。能在较小的投入下得到比较丰厚的回报。一般畜产品出口，都以加工畜产品为主，所以发展城市畜牧业，也可以带动城市加工业的发展，提高产值。

第四节　中国兽医现代化对兽医行业发展的影响

中国兽医现代化过程，也是中国经历社会巨变的过程。现代兽医科技的引入、先进的管理体制和教育模式，引发了兽医执业模式的转变。中兽医执业主要分为两种模式，一是民间兽医，二是官方兽医。顾名思义，民间兽医就是在乡间本地看诊，诊治规模有限，兽医以出诊为主，携带诊疗器具简单，一般一个小药箱即可，模式有点像从事急救工作。而官方兽医是服务于政府的，为军队或驿站的家畜诊治。有时遇到兽疫流行，工作量比较大。现代兽医事业，则扩展到教育、管理、研究、执业四个方面，这四个方面有别于中兽医的最大特点就是组织，而非个人。教育方面，为了批量培养兽医学专门人才，也需要培养兽医教育人才，现代兽医学校的建立，使很多毕业生走向教师岗位，担任培养人才的重任。管理方面，防疫、检疫机构的成立，在

① 上海档案馆，R50-1-1393-44，日伪上海特别市卫生局关于兽医事项工作报告 1943［A］，乳场管理股统计表。细菌检验结果

这方面增加了很多的需求，尤其是在各地区建立了各层次管理机构，口岸边检和铁路检疫都需要兽医专门人才从业。研究方面，是一个崭新的领域，中兽医在研究方面并未形成组织机构，一般有成就的中兽医也会注意总结和归纳前人的经验，或是尝试新的方法。都是个人的发展决定的。在研究和药物生产领域的需求，也比中兽医扩增许多。执业方面，有屠宰场、牲畜市场、赛马场、乳品及肉品检验等，还有执业兽医。从这些方面扩大了社会对兽医的需求。由于家畜兽疫的流行，兽医的作用扩展到公共卫生领域，因为很多人畜共患病的暴发，往往是由于疏忽动物防疫、检疫造成的。所以兽医现代化的过程，也是兽医事业本身发展提高的过程。兽医业古已有之，随着社会的发展和进步，兽医所扮演的角色愈加重要。

一、促进兽医科技体系结构调整

中国兽医现代化最直接的变化，就是引入现代兽医科技。无论是从研究理念，还是实验方法以及诊疗模式，都有较大的转变。从中兽医的技术总结，转向西兽医的科学研究。整个兽医学体系，就是从技术向科学的迈进。中兽医学本身的理论基础是更大的哲学范畴。其发展理念和传承思想，都是以朴素唯物主义哲学为基础的应用技术。通过长期的总结、实践、归纳、验证，最终形成了中兽医体系。西医科学的产生，则是西方机械唯物主义发展到一定程度的产物。在西兽医科技被引入之后，建立的兽医科技体系，着眼于世界兽医科技发展方向，注意和国际的学习交流，在科研方面，有较大的发展。从早期的家畜疫病防控研究，到病理、微生物、药理学、组织学等方面的研究，现代兽医科技体系也在跟随社会和学科的发展需求进行调整。从刚开始学习血清、疫苗的生产制造，到自主研制弱化苗、提高疫苗效力，降低生产成本。现代兽医科技体系在经历逐渐完善的过程。在战争时期，由于供给的不足，拓展思路，发展国药研究，在兽医药学研究方面，也开创了中西医结合的先河。充分了解并利用西兽医的科技，开展中兽药的研发，将二者的联系从治疗上升到理论，在科学范畴为中兽药发展打开了新的大门。并且在理论层面将中兽医划归到科技体系中，为之后的中兽医教育发展和研究，奠定了基础。中国兽医现代化的过程本身，也是在不断调整和平衡的过程。兽医中的各个学科，都是发展必不可少的，所以在某些学科先发展到一定程度之后，会带动或推动其他学科的发展。从而促进科技创新进程。

二、促进兽医管理体系的完善

兽医现代化的过程，也是一个改革和进取的过程。从传统的兽医管理体系，发展到现代兽医管理体系，主要从三个方面进行完善。一是防疫机构的建立，二是检疫机构的设置，三是市场监管和执业医师的管理。从中兽医来看，官方兽医一般归属于军队，民间兽医一般是无组织的状态，这样很不便于政府的统一管理。也不便于疾病的普查和防控。建立的管理机构可以从各个层面监管、监控家畜疾病的发生，并对兽医执业有资质要求，进一步规范了从业人群，避免了良莠不齐的状况。防疫机构有助于建立全国防控网络，便于家畜疫病的控制。保障畜牧业发展。检疫机构则是对国家的保护，防止其他国家疫情扩散到我国。是一条安全线，也是一条生命线。市场监管和执业医师方面，则是从民众的食品卫生和公共安全考虑，建立全民防疫意识，保障环境安全，也可以有效节能。中国兽医现代化的过程，首先是在防疫方面设立机构，开展工作，并颁布相关条例，完善制度。在检疫方面，设置口岸检疫后，有效避免了部分疫情的发生。在市场监管和执业医师层面，改变了人们传统的生活习惯，适应新的健康的生活方式。从颁布的管理条例来看，中国兽医现代化过程中，在疫情监管方面也在不断进步，疫病种类也在不断变化，政府能及时有效地进行跟踪、调整。也说明兽医管理体系在其中发挥了巨大的作用。

三、促进兽医教育体系的革新

中国兽医现代化的历程中，现代兽医教育的兴起是一个从无到有的过程，从北洋马医学堂建立，先仿效日本课程和学制，聘请日本教员，学习兽医知识开始，逐步发展。到农业大学的建立和畜牧兽医专业的开办，都是在模仿学习，并自主创新。在20世纪30年代开始转学欧美系。每一次转变都是社会和时代的要求。包括学术期刊和专著的出版以及学会的成立，等等。都与现代兽医教育更近一步。中兽医体系的传承是依靠家传或是师徒传承，结果就是，每个老师可以教授的弟子有限，从人才培养的量的方面，不如现代教育有优势。中兽医的理论和技术，是需要长期学习和摸索的，不像现代兽医学科理论那么明确，所以从这个角度来说，也阻碍了中兽医的传承。现代兽医因为秉承科技实证原则，所有学习的内容，都可以直接学习了解，虽然各学科理论复杂，但是可操作性强，辅助诊疗工具多，而且在知识的传播过程中，不需要太多的门槛，所以适宜一定数量的学生同时学习。所以在西兽医传入后，很快建立起现代教育体系的雏形，经过一段时间的发展，兽医教育体系逐渐完善，向多层次人才培养发展。最终，中兽医的传承方式被现代兽医教育体系所替代。整个民国时期，兽医现代教育不断发展，在 1946 年成立了国立兽医学院，显示了政府对兽医发展的重视，也培养了许多高层次兽医人才。为现代兽医教育体系奠定了坚实的基础。

第五节　中国兽医现代化历程中的经验及教训

中国近代经历了较多的转变，从鸦片战争开始，中国就陷入了动荡与变革。洋务运动让有识之士认识到，要学习西方先进科技，才能摆脱落后挨打的局面。但是经历了甲午海战的失败，统治者才明白，盲目地学习，并不能真正富强，要讲究方法，学习适宜我们的科技。所以在甲午海战后，开始创建新式学堂，着眼于学习西方各项科技与知识。尤其学习日本明治维新的经验，积极走上工业化之路。中国兽医现代化也是在这时开始的。

一、立足全球视野，积极学习现代兽医科技

在北洋马医学堂建立之时，就明确建校目标，服务军队建设。以日本的兽医科技为模板，先从思想和理念上接受现代兽医科技，之后积极派学生赴日学习，从根本上更多了解现代兽医科技。随着社会的变革和现代兽医科技的发展，及时厘清思路。学习欧美的最新科技，用于国内的发展需求。尤其是在家畜疫病防治方面，积极学习现代防疫、检疫知识，学习、翻译相关著作，开展科学研究。积极提升科研水平和能力。开展学术交流活动，参与世界性的会议，并与国际组织积极沟通合作，获得科技发展支持。尤其在家畜疫病防控方面，要有全球观念，在其他国家对疫病的发现和报道中，建立防疫预警，尤其

要关注我们相邻国家的疫情，避免疫情扩散蔓延。并在国境检疫方面及时更新各国疫情信息，可以将疫病拒之门外。在现代兽医科技发展中，人的作用很重要，专家观点和权威意见往往会影响一个学科的发展方向。中国兽医现代化过程中，正是因为有一批思路开阔、治学严谨的专家，在中国做了很多开创性的工作，包括兽医现代教育体系的成形，管理模式和思维的优化以及科研的深入和创新。最终现代兽医体系在中国生根发芽，迅速发展。

二、建立文化自信，传承中兽医技术

在放眼世界的同时，不能摒弃固有的传统和科技，应对中兽医技术深入发掘。抗战时期的兽医国药研究，就是对中兽医技术的肯定和发掘。在特殊时期，人们将目光转向中兽医，正是因为中国传统医药有易于存放和运输、价格便宜，便于制作的特点。相较来说，西药的生产设备要求、原材料要求和运输存储要求都比较高，所以造价高，不易于生产。当然，中兽医传承下来的，不只有中药，还有很多有价值的资源，比如针灸，需要深入学习，充分理解和探析，掌握这些技能。在中兽医理论方面也要深入探讨，不能简单地用现代兽医科技的研究方式带入中兽医理论研究，而是应该从多学科、多维度理解中兽医理论。而且在中西医结合可行的范畴，拓展思路，开启更多的模式和研究方式，促进中西兽医共同发展。

三、树立创新意识，根据条件转换思路

在中国兽医现代化进程中，中药西化的模式是一个很好的尝试，从简单融合入手，用西医的实证方式，验证中药的药理特性，确定其有效成分，得出其对疾病的作用原理，并对有效成分量化，使中兽医的用药可以获得科学验证。还有就是充分发挥民间兽医的作用，让他们学习家畜疫病防控知识，在人的层面可以中西医结合，发挥人才的作用。保障农业生产和畜牧业发展。当然，在宣传西兽医的同时，也要关注中兽医的传承与发展，立足于传承祖国优秀文化和技术，通过让中兽医走上讲台传播知识，让更多的人了解中兽医文化，并建立专门的中兽医课程和学校，按照中兽医的理论模式进行培养人才，开发适宜中兽医研究的模式，促进中兽医的转

型和发展，让中兽医技术能够在新时期发挥更多的作用。同时根据不同时期的需要，积极转变思路，开拓中兽医的服务方向，并积极推广，让技术走出去，与更多的民族医学交流学习，寻找共性与特性，开创属于自己的发展道路。

结语　对中国近代兽医发展的历史评析

中兽医由来已久，已有数千年的历史。经过长时间的归纳、总结、验证，形成了中国特有的医学理论体系，其源于中国朴素的辩证唯物主义。从“天人合一”的整体观看待动物机体及其与自然的关系。通过辨证论治的思想，对病症进行归纳总结，并形成了阴阳五行学说、藏象学说、经络学说、病因论、体质论等理论体系。通过炮制改变中药的药性，将多种中药组合成为方剂，并通过不同的加减，可以诊治不同的病症。用针灸对中药不能根治的疾病加以治疗，二者相辅相成。用简单的动植物初级产品就可以抵御各种疾病。所以，从这点上来看，中药有储存方便、加工简单、价格低廉的优势。但是，由于中兽医技术操作起来比较复杂，而且由于社会需求有限，所以在中兽医技术传承上一直秉承家传或师徒传承的模式。由于技术的掌握一部分靠传承，一部分靠领悟，所以在中兽医的传承过程中，与孔子因材施教的思想比较契合，会在所有的徒弟中，选择一个继承自己的衣钵，所以在教授过程中，会对所有徒弟进行考量，从这种模式来看，可能中兽医的传承上与西兽医相比难度大，所以，这在某些层面也限制了中兽医的规模化发展。

一、近代中兽医虽然发展缓慢，但并未衰落

在近代，中兽医仍是家畜疾病诊治的主流力量，中兽医传承也是延续传统模式，变化就是逐渐接受了西兽医的实证模式。虽然发展缓慢，但是受到西兽医的冲击不大，并未衰落。

晚清民国时期，广大农村地区，中兽医的分布上，还是与当地的农业、畜牧业发展密切相关。比如在浙江、江苏、湖南、湖北、江西、四川、山东等地，都发掘整理出中兽医著作，很多都是家传或师徒传承数代，保留下来的经验汇总，对考察这些地方的农业很有帮助。西兽医引入以前，中兽医一般分为诊牛和诊马的医生。晚清时

期，中兽医著作以牛病为主，兼有多种动物的疾病，说明晚清时期牛耕大力发展，是农业生产的主要劳动力，所以人们很重视牛病的诊治。而且由于清政府不允许汉族人养马，所以民间的马病著作就减少了。当然也因为有《元亨疗马集》珠玉在前，想超越也比较难，所以这段时间，出现的著作都以牛为主要对象，从诊疗手段上来说，主要是方药和针灸。这些基本都延续着以前的模式。西兽医引入后，由于在思想上人们已经接受了西方科技的优越和先进，所以人们接纳的比较迅速。西兽医引入后，先是通过学校来传播现代兽医科技，但由于每年毕业的人员较少，一般就几十人，所以历经数十年培养的人才也不过寥寥千人，随着兽医专业创建的增加，培养的人才也逐年增加，但是对于中国的需要来说，也就是沧海一粟。在这个方面并未对中兽医产生冲击。

由于“废止中医案”对中兽医的执业和教育改革方面有一定的影响，在执业和教育现代化方面被政府所忽略，所以中兽医行业没有大的改观。在20世纪30年代，兽疫大规模流行，给很多地区造成了影响。虽然在各地开展建立了防疫机构，但是在人员上不能满足全国的需求，所以在畜牧兽医改进方面，专家认为，可以通过对中兽医培训防疫知识，充分发挥中兽医在基层的作用，进而达到全面防疫的目的。并开展了一些培训班。在抗战时期，由于物资紧张，西药难于生产和运输，陆军兽医学校开发新思路，创办了国药兽医治疗研究所，并取得了很多国药研究成果，为保障战略需求奠定了基础。通过国药研究，开辟了中西兽医学的融合发展之路，让中兽医走上实证之路，也让西兽医看到中国医学的神奇。在此之后，领导层面关注中兽医的传承，也让中兽医开宗明义，讲授中兽医知识，中兽医在教育方面，开始向现代化发展。中西兽医的融合发展形成了中国现代兽医的雏形，在现代兽医学科的发展上，也随着社会和经济的发展，日趋平衡。

二、现代兽医体系通过科技手段迅速建立，也经历了简单的本土化

西兽医引入中国，以现代科技手段开创了兽医教育体系、管理体系和科研体系。通过从点到面的传播与推广，逐渐建立了中国现代兽

医体系。当然也经历了本土化的历程，与中兽医开始融合借鉴。

在教育、管理、科研、执业等方面建立了全新的体系，这几方面都取得了丰硕的成果。教育方面建立个各个层次的学校，培养了现代兽医人才。从早期学习日德学制，到20世纪30年代后主要学习欧美学制，能积极地向外看，学习西兽医先进的科技，尤其在检疫、防疫、疫病防控方面，取得了较为客观的效果。在防疫、检疫机构的创建方面，参照西方模式，迅速建立自己的管理机构，为之后消灭牛瘟、马鼻疽等奠定了坚实的基础，也将很多疫病可以阻挡在国境线上。还可以避免通过交通迅速扩散，有效地保障了人们的财产安全。这一时期，科研成果较多，期刊、著作相继出版，积极开展国际合作与学术交流，并积极建立学术团体，建设专业交流平台。在兽医执业方面对从业资质、考核等做了严格的规定，并要有营业证书。在家畜疾病普查方面，对西北、西南、蒙绥等地进行实地调查，了解各省家畜疾病发生情况。西兽医引入后与中兽医各自沿着既定的轨道运行，彼此相遇后也未产生大的摩擦和对抗。

中国兽医现代化过程是按照中西兽医两条路径发展的，也有简单的融合。融合也主要体现在用西兽医实证科技手段分析中药方剂的有效成分，这既是对中兽医的重新理解与研究，也是对中兽医肯定。当然也是西兽医本土化的突出体现，更是中西兽医结合理念的开端。虽然是源于当时的社会、政治、经济等因素，但这也是兽医发展的思路创新。西兽医的本土化还有对专业资料的选取与翻译方面，就是最直接的本土化过程。还有对家畜疾病的调查和对民间兽医的培养，都是根据国内的基本情况进行行业发展的本土化历程，不秉承简单的拿来主义，如牛瘟弱毒苗的研制成功，针对我国牛瘟暴发情况，研制的弱毒苗效力好，成本低，为中华人民共和国成立后消灭牛瘟，奠定了坚实的基础。正是由于兽医专家和管理、执业人员不断创新进取，所以短短40余年，中国兽医业迅速发展，迅速形成了中国现代兽医体系，民族观和本土化思想也是其中较有特色的部分。

三、近代兽医发展保障了农业生产和兽医行业发展，对社会公共管理也起到促进作用

兽医现代化的过程，在社会层面，促进建立全民防疫意识，从思

想成层面使人们对病的认识发生转变，改变生活行为模式，开始逐渐建立公共卫生和防疫意识，接受西兽医治疗手段，为公共卫生发展起到促进作用。人们从最初的不了解，不预防，到积极主动开展圈舍消毒和为家畜注射疫苗。同时也借助多种传播手段，如广播、宣传画册、海报、书籍、市集宣讲和培训等防疫宣传，使人们对防疫知识学习接受，并促进了城市农业的开展和乡村防疫的推广。

近代兽医发展，主要保障畜牧业发展，促进规模化养殖和畜产品国家贸易，提高畜牧业产值，保证了经济收益。在引进优良品种的同时，注意疫病检疫，避免外国兽疫传入。提高了生产效率，由于预防注射，也降低了疫病暴发，总体上提升了畜牧业产值，促进了和欧美等国家的贸易关系，在战时物资的获取上，起到了保障作用。在农业产业结构方面，促进城市农业的兴起，为了满足城市民众畜禽产品需求，扩大城市农业规模，尤其一些规模化养殖，在兽医发展的促进下，在城市周边迅速开展，形成了新的农业形式。在兽医行业发展上，推进了各方面发展，逐渐通过国家和社会对各学科的需求，不断发展，逐渐变化，最终形成了现代兽医学体系的雏形，较科学的形成了不同学科间的动态平衡。为中国的兽医业发展奠定了基础。

中国近代兽医发展对畜牧业和农业生产有直接的影响，在城市化进程中，也推进了公共管理机制的创建，给我们的启示是，既要有全球化视野，学习先进的科技，提升自己的科研实力，也要有民族化和本土化意识，取其精华，结合自身优势，创建多种模式和理念，全方位、多维度、深层次开创、发掘发展新思路，走最适宜自己发展的道路。

余论　中国近代兽医发展的优势与弊端

中国近代兽医发展的过程中，我们看到的绝大部分都是西兽医引入后，形成现代兽医体系的映像。而中兽医在这段时间中，可以找到的记录并不是很多，所以通过少量的中兽医文献和大量的西兽医资料，最终得出的结论就是，中西兽医在相逢的过程中，并没有什么正面冲突与对抗，而是简单的接纳和融合。其既包含思想上的接纳，也包括技术上的融合。最终都成为现代兽医学体系的一部分。二者在这个过程中，也都发生了一些变化。中兽医在传承理念上接纳了西兽医的教育模式，所以适应新的制度和社会下的教育理念，也发展了学校教育。而西兽医在进入中国后，通过科学实证的方式验证中药的价值，并将中药涵盖在治疗范畴，所以生物制品厂也会生产一些重要的酊剂。当然这些都是我们可以看到的。在视野之外，也许还有很多历史可以还原。

中国兽医现代化过程中，一些研究较多、成果较多的学科，在之后的发展中，往往也占有一定的优势，并且会延续这种优势。比如在民国时期，家畜防疫相关研究较多，所以在后续研究中，不断发展提高，我国就在中华人民共和国成立后消灭了牛瘟和马鼻疽。这都是在兽医学科发展方面，带有显著的影响。在中华人民共和国成立后，我国很多家畜疫病的研究达到了国际领先水平，并且奠定了学科发展的基础。当然，其他学科在中国兽医现代化进程中也在不断发展。有些学科由于奠基人先进的思想和理念，也会使学科发展较为迅速。从民国时期兽医各学科发展来看，大部分的时间都是进行家畜疫病防控，到 20 世纪 40 年代，寄生虫学、病理学、药理学、微生物等，成果较多，发展较快。中华人民共和国成立之前，各学科发展上从早期的内科防疫占主导地位，到多学科共同发展，占比趋于均衡，形成了很多著作和论文。

总而言之，中国近代兽医发展的历程，相对平稳，在战争时期，也并未影响兽医的发展，还带来了中西医结合的新思路。从20世纪初期以发展马业为主，到20世纪30年代，家畜防控占主导地位，20世纪40年代，多学科趋向平衡发展。形成了中国现代兽医体系的雏形。在抗战时期，能拓展思路，开展兽医国药研究，为抗战胜利做出了一定贡献。近代兽医发展过程中既保障了畜牧业的发展，也在兽医事业方面拓宽思路，开拓出新的方向。

中国近代兽医发展的优势立足于官方对西方科技的接受，首先从思想层面，打开了西兽医引入的大门。其次由于经历了甲午海战的失败，从学习的方法和理念方面，进行了调整，视线从西方转向日本。由于日本现代化比较早，又同属东亚文化圈，所以学习日本的各项科技和制度，就比较容易学习、理解和发展。所以在北洋马医学堂建立之初，就已经有了很好的构想。而且由于中兽医本身在中国传承与发展和现代兽医的建立是不同的路径，所以在西兽医引入时，比较顺利的被接纳。

而弊端则是中国传统思想遭逢巨变后的无所适从。晚清民国时期，中国经历了多个政府更迭，政治体制和社会制度不断动荡转变，在转变的过程中，只有一少部分思考者还关注传统文化和技术的发展。大部分人由于战争等原因，直接接受了西方科技的优越与便捷，所以造成一种“西方的都先进”的假象，对原有文化和技术的摒弃导致产生了“废止中医案”，当然，最后虽然中西医并存发展下来，但是对中医的发展还是有一定的影响。中兽医也是如此，但是受到的影响较小。但由于人们生活方式和社会的转型，城市化让中国很多传统技术趋于没落，中兽医也面临有同样的危险。

参考文献

（一）图书、期刊和学位论文

安汉. 1934. 对于西北农林专科学校设施之意见［J］. 西北开发，1（2）：55-56.

包平. 2006. 二十世纪中国农业教育变迁研究［D］. 南京：南京农业大学.

蔡无忌，何正礼. 1956. 中国现代畜牧兽医史料集［M］. 北京：科技出版社.

蔡无忌. 1942. 农业部中央畜牧实验所筹备经过［J］. 中央畜牧兽医汇报，1（1）.

董强. 2012. 近代江南公共危机与社会应对［D］. 苏州：苏州大学.

敦善闲原本. 1958. 相牛心镜要览［M］. 南京：畜牧兽医图书出版社.

［清］傅述凤手著，杨宏道重编校注. 1966. 养耕集校注［M］. 北京：农业出版社.

葛明宇. 2013. 中央大学农学院和金陵大学农学院的比较研究［D］. 南京：南京农业大学.

关鹏万. 1918. 兽医学［M］. 上海：商务印书馆.

贵州省兽医实验室订校. 1960. 猪经大全［M］. 北京：农业出版社.

韩毅. 2011. 宋代牛疫的流行与防治［J］. 中华医史杂志，41（4）：208-213.

郝先中. 2005. 近代中医之争废存研究［D］. 上海：华东师范大学：8.

贺克编，程绍迥校订，徐培生校. 1939. 家畜传染病学［M］. 长沙：商务印书馆，

湖南常德县畜牧水产局《大武经》校注小组. 1984. 大武经校注

［M］. 北京：农业出版社.
江西省中兽医研究所. 1993.医牛宝书［M］. 北京：农业出版社.
蒋中华，严火其. 2012. 儒家生物多样性智慧研究［J］. 南京农业大学学报（社会科学版），12（2）：131-137.
教育部中国教育年鉴编审委员会编. 1931. 第一次中国教育年鉴原稿［M］. 出版地不详：教育部中国教育年鉴编审委员会：42，43，45，65-72，92，102，103.
［清］李南晖著，四川省畜牧兽医研究所校注. 1980. 活兽慈舟校注［M］. 成都：四川人民出版社.
［唐］李石. 1957. 司牧安骥集［M］. 北京：中华书局.
李青山. 2015. 中国近代（1840—1949 年）兽医高等教育溯源及发展［D］. 北京：中国农业大学.
李群. 2008. 中国近代畜牧业发展研究［M］. 北京：中国农业科学技术出版社.
李妍. 2013. 国立中央大学畜牧兽医系史研究（1928—1949）［D］. 南京：南京农业大学.
李玉偿. 2004. 环境与人：江南传染病史研究（1829—1953）［D］. 上海：复旦大学.
刘尔年，于船. 1980. 西藏兽医学发展史略［J］. 中国兽医杂志（5）.
罗清生. 1937. 家畜传染病学［M］. 兰州：中国兽医学会，中央大学农学院畜牧兽医系.
毛泽东. 1949. 经济问题与财政问题［M］. 沈阳：东北书店，35-37.
农业部畜牧兽医局. 2003. 中国消灭牛瘟的经历与成就［M］. 北京：中国农业科学技术出版社.
陕西省畜牧兽医研究所中兽医室. 1980. 校正驹病集［M］. 北京：农业出版社.
沈志忠. 2010. 近代中美畜牧兽医科技交流与合作探析［J］. 安徽史学（6）.
苏亮. 2012. 清代八旗马政研究［D］. 北京：中央民族大学.
王成. 1997. 彝兽医初探［J］. 中国兽医杂志（6）.

王履如. 1943. 中国现代兽医改进之理论与实际［J］. 中国畜牧兽医汇报，1（1）：8-14.
王其林. 2014. 中国近代公共卫生法制研究（1905—1937）［D］. 重庆：西南政法大学.
王石齋. 1946. 家畜传染病识别防治手册［M］. 安顺：陆军兽医学校教育处.
吴瑞娟. 2011. 陕西省农业改进所研究（1938—1945）［D］. 西安：陕西师范大学.
吴信法著，陈之长校. 1936. 家畜传染病学［M］. 南京：正中书局.
谢成侠. 1958. 中国兽医学史略［J］. 畜牧与兽医（3）.
谢成侠. 1959. 中国养马史［M］. 北京：科学出版社.
严娜. 2012. 上海公共租界卫生模式研究［D］. 上海：复旦大学.
杨宏道，邹介正校注. 1982. 抱犊集校注［M］. 北京：农业出版社.
杨慧. 2011 中国东北与俄罗斯农业交流史研究［D］. 南京：南京农业大学.
杨开雄. 1992. 苗兽医概论［J］. 山地农业生物学报（1）：40-42.
于船，张克家点校. 1962.牛经切要［M］. 北京：农业出版社.
于船. 1980. 论我国古代猪的阉割技术［J］. 北京农业大学学报（3）.
于船. 1982. 中国兽医史［J］. 中国兽医杂志（3）.
余效增. 1941. 江西兽医业务之鸟瞰［J］. 兽医月刊，5（1-3）：32-33.
余玉琼. 1940. 马政司成立以来业务进行概况［J］. 兽医月刊，4（12）：8-9.
张仲葛，朱先煌. 1986. 中国畜牧史料集［M］. 北京：科学出版社.
章斯睿. 2013. 近代上海乳业市场管理研究［D］. 上海：复旦大学.
赵辉元. 1947. 家畜寄生虫病学［M］. 安顺：陆军兽医学校.

［清］赵学敏著，于船，郭光纪，郑动才校注. 1982 串雅兽医方［M］. 北京：农业出版社.
郑藻杰. 1957. 兽医国药及处方［M］. 南京：畜牧兽医图书出版社.
中畜所畜牧组. 1943. 湘桂黔滇四省畜牧初步调查报告［J］. 中国畜牧兽医汇报，1（1）：53-89.
中国畜牧兽医学会. 1992. 中国近代畜牧兽医史料集［M］. 北京：农业出版社.
中国第一历史档案馆. 1995. 光绪朝朱批奏折·第五十五辑军务马政［A］. 北京：中华书局.
中华书局. 1919. 兽医易知［M］. 上海：中华书局.
［清］周海蓬著，于船校. 1959. 疗马集［M］. 北京：农业出版社.
周萍. 2014. 民国史上的中医废存之争［J］. 山东档案（1）：68-69.
曾达. 2011. 农林部西北兽疫防治处述论（1941—1949）［D］. 兰州：兰州大学.
邹介正. 1984. 兽用本草的发展［J］. 中国农史（4）.
邹介正. 1986. 明代兽医学术的发展［J］. 中国农史（3）.
邹介正. 1992.《司牧安骥集》的学术成就和影响［J］. 中国农史（3）.
邹介正. 1981. 牛医金鉴［M］. 北京：农业出版社.
邹介正. 1981. 唐代兽医学的成就［J］. 中国农史（00）：73-81.
Donald Campbell. 1937. The National Veterinary Medical Association of Great Britain and Ireland：A Tribute to Sir John M'Fadyean［J］. Journal of Comparative Pathology and Therapeutics，50：249-250.
E. Leclainche. 1937. A Short History of Veterinary Bacteriology［J］. Journal of Comparative Pathology and Therapeutics，50：321-324.
U. F. Richardson. 1937. The Influence of the Veterinary Profession on Empire Development［J］. Journal of Comparative Pathology and Therapeutics，50：303-306.

（二）档案资料

甘肃省档案局，28-2-169，甘肃省政府，省卫生处临洮等卫生院关于派员防治卓尼等县痢疾、牛瘟等症的指令、报告、呈文、通知、电报（1941. 6—1948. 3）第 451 号［A］

甘肃省档案局，29-1-238，卫生署，西北防疫处，青海省保安处，湟源县防治所关于职工免受军训，领发防治牛瘟，白喉药品，疫苗，购置机械，药品消耗情况的指令，呈（1939. 4—1939. 8），西北防疫处湟源兽医防治所呈 第二十三号 第二十五号 1939. 5. 12［A］

甘肃省档案局，29-1-239，西北防疫处，湟源县防治所关于领发药品，疫苗及财产增减，药品消耗情况等的指令，训令，呈（1939. 7—1940. 6），第三十号 青海盐场公署函 1939. 7. 12［A］

甘肃省档案局，29-1-372 ，甘肃省政府，卫生署，西北防疫处等关于派员核查防治牛疫及设立县兽疫防治所等事项的训令，函，呈，电，1940. 2-8，卫生署，抄发兽医学校附设兽医国药治疗研究所简章等，1940. 5. 11［A］

甘肃省档案局，29-1-372，甘肃省政府，卫生署，西北防疫处等关于派员核查防治牛疫及设立县兽疫防治所等事项的训令，函，呈，电（1940. 2-8），甘宁青区兽疫防治办法请转核定一案经电奉行政院（1940. 4. 23）机字第 99 号［A］

甘肃省档案局，29-1-373，卫生署，西北防疫处，蒙绥防疫处，西北技艺专校（1940. 8—9），为函请调查兽疫防治设备及繁殖情况由 经济三字第 193 号行政院第八战区经济委员会 1940. 8. 6［A］

甘肃省档案局，29-1-373，卫生署，西北防疫处，蒙绥防疫处，西北技艺专校（1940. 8—9）蒙绥防疫处工作简报 1938. 7—1939. 6［A］

甘肃省档案局，29-1-410，卫生署，甘肃，福建，陕西等省卫生处关于警务，军训法规，兽医国药治疗研究所简章，组织规章大纲，防治天花，脑膜炎及惠赠刊物等的训令，代电，公函，1939. 4—12，蒙绥防疫处第 208 号，1940. 5. 9，抄正陆

军兽医学校附设兽医国药治疗研究所简章草案，1939 年 10 月［A］
甘肃省档案局，29-1-64，西北防疫处，西北日报社，甘肃省党部，兰州城防司令部等单位关于电话收费办法，新任领导到职视事日期，办理通行证等的公函，代电（1935. 9—1937. 4）［A］
甘肃省档案局，29-1-65，西北防疫处，西北盐务管理局，甘肃省禁烟委员会，甘肃学院等单位关于启用新关防，赠送药品，人事调动，抗日捐款等公函（1937. 7—12），青海省政府公函（1937. 11. 28）［A］
甘肃省档案局，29-1-66，西北防疫处，空军司令部，渭源，海原，永登县政府，新疆省政府关于兽医各项法规，兽疫防治条例，赠送牛痘苗及防治白喉，猩红热等的公函（1937. 12-1938. 6），代电新疆省政府公函 建字第 130 号、经济部中央农业实验所公函 渝乙字第 00 四四号［A］

甘肃省档案局，30-1-292，西北兽疫防治处农林部、西北兽疫防治处兰州工作站等关于报核生物成本计算会议记录，门诊工作月报等的指令、函（1942. 02-1948. 10）［A］
甘肃省档案局，30-1-359，农林部西北兽疫防治处办理，改进中国畜牧兽医事业意见书，中国农业建设文选，乳牛流产病检验论文等的函、训令（1945. 11-1946. 10）函送改进中国畜牧兽医事业意见由 1946. 4. 17［A］
甘肃省档案局，32-1-213，教育部，甘肃省政府，甘肃学院等关于筹建畜牧兽医科，图书馆，论文题目规程等的训令，公函，呈（1932. 12. 13-1936. 9. 24）甘肃省政府指令 教字第 668 号［A］
甘肃省档案局，57-1-44，中央信托局兰州分局关于省府会计主任辞职，另用继任，四联处秘书长，市长改派等事由的代电，函（1945. 11-1948. 08）国立兽医学院公函　1946 年 12 月人字第 40250 号（1947. 5. 3）［A］
广东省档案局，006-003-0875-008，私立广州畜牧兽医学校招生简章，1933 年［A］

广东省档案局，038-001-75-046~048，私立岭南大学农学院畜牧兽医学系必（选）修科目表［A］
青岛商品检验局. 青岛市牛业调查及对外贸易情况剪报，青岛档案馆，B0034—001- 00148［A］
陕西省档案局，73-3-408，畜牧兽医，奖励国药兽医有效良方暂行规则，1939. 9. 15—1940. 1. 7：15-22［A］
上海档案馆，32-1-416-10，上海特别市政府关于派驻牲畜市场检疫处章程及检疫规则的训令（19410919）［A］
上海档案馆，S118-1-21，上海市乳品业同业公会关于会员户牛只注射炭疽预苗事与农林部东南兽疫防治处联系等的有关文书（内有英文文件）194302-194907：1，16，19-22［A］
上海档案馆，U1-1-911，Milk Supply，Annual Report of the Shanghai Municipal Council 1898［A］
上海档案馆，U1-2-762，上海公共租界工部局环保卫生检查员关于环卫检查及兽疫情况报告和年度综合报告及菜牛和奶牛存栏数（双）周报表等的文件 188301-188409 卫生［A］
上海档案馆，U1-4-723，上海公共租界工部局总办处关于乳场牲畜之检疫（1934—1936）卫生［A］
香港历史档案馆，RF000139，牛奶之路［A］
中国第二历史档案馆，二三_ 1_ 89，农林部编印之《战时农村建设事业》［A］
中国第二历史档案馆，二三_ 1_ 93，农林部所需考察日本农业之技术科学资料项目［A］

附　录

附录1　新式教育体系一览表①

项目	级别	分类	分科	专业方向	学制	课程
大学	中央大学	大学院				主研究，不讲课，不立课程
		专科	经学	周易、尚书、毛诗、春秋左传、春秋三传、周礼、仪礼、礼记、论语、孟子，附理学	3	
			政法	政治、法律	4	
			文学	中国史、万国史、中外地理、中国文学、英国文学、法国文学、俄国文学、德国文学、日本国文学	3	
			格致	算学、星学、物理、化学、动植物、地质	3	
			农业	农学，农艺化学，林业，兽医	3	
			工科	土木、机器、造船、造兵器、电气、建筑、应用化学、火药、采矿冶金	3	
			商科	银行及保险、贸易及贩运、关税	3	
			医科	医学、药学	4	
		预备	预备入经学、政法、文学、商科		3	人伦道德、经学大义、中国文学、外国语、体操、历史、地理、辨学、法学、理财

① 《清史稿》卷一百七《志》八十二

（续表）

项目	级别	分类	分科	专业方向	学制	课程
大学	中央大学	预备	预备入格致、农、工等科		3	人伦道德、经学大义、中国文学、外国语、体操、算学、物理、化学、地质、矿物、图画
			预备入医科		3	人伦道德、经学大义、中国文学、外国语、体操、拉丁语、算学、物理、化学、动物、植物
	省大学		预备入经学、政法、文学、商科		3	同大学预科
			预备入格致、农、工等科		3	同大学预科
			预备入医科		3	同大学预科
中学堂					5	修身、读经、讲经、中国文学、外国语、历史、地理、算学、博物、物理及化学、法制及理财、图画、体操
小学	高等小学				4	修身、读经、讲经、中国文学、算术、中国历史、地理、格致、图画、体操。视地方情形，可加授手工、农、商业等
	普通小学				5	修身、读经、讲经、中国文学、算术、历史、地理、格致、体操
蒙学						蒙养院意在合蒙养、家教为一，辅助家庭教育，兼包括女学
师范	优级师范学堂		公共科		1	人伦道德、群经源流、中国文学、东语、英语、辨学、算学、体操
			分类科	中国文学、外国语	3	人伦道德、经学大义、中国文学、教育心理、体操、周秦诸子、英语、德语或法语、辨学、生物、生理
				地理、历史	3	人伦道德、经学大义、中国文学、教育心理、体操、地理、历史、法制、理财、英语、生物
				算学、物理、化学	3	人伦道德、经学大义、中国文学、教育心理、体操、算学、物理、化学、英语、图画、手工

（续表）

项目	级别	分类	分科	专业方向	学制	课程
师范	优级师范学堂		分类科	动植物、矿物、生理	3	人伦道德、经学大义、中国文学、教育心理、体操、植物、动物、生理、矿物、地学、农学、英语、图画
			加习科		1	人伦道德、教育学、教育制度、教育政令机关、美学、实验心理、学校卫生、专科教育、儿童研究、教育演习
	优级师范附属中学堂					
	优级师范附属小学堂					
实业学堂	实业教员讲习所				2	人伦道德、英语、教育、教授法、体操、算学及测量气象、农业汎论、农业化学、农具、土壤、肥料、耕种、畜产、园艺、昆虫、兽医、水产、森林、农产制造、农业理财实习
	高等农、工、商实业学堂			农学、林学、兽医	3	兽医类：修身、中国文学、体操、地理、历史、外语、章程、簿记、图画、化学、生理学、药物学、蹄铁法、蹄病论、病理理论、内科学、外科学、外科手术学、寄生动物学、病体解剖学、动物疫论、兽医警察法、胎生学、产科学、眼科学、马学、卫生学、霉菌学、畜产系、家畜饲养论、乳肉检查法、农学大意、蹄铁法实习、家畜管理实习、外科手术实习、兽医院实习、内外科诊疗实习、调剂法实习、乳肉检查实习、牧场实习及植物采集、体操

（续表）

项目	级别	分类	分科	专业方向	学制	课程
实业学堂	中等农、工、商实业学堂			预科、本科	3	兽医类：修身、中国文学、体操、地理、历史、外语、章程、簿记、图画、生理、药物及调剂法、蹄铁法及蹄病防治、内外科、寄生动物、畜产、卫生、兽疫、产科、剖检法、实习
	初等农、工、商实业学堂			普通、实习	3	兽医类：修身、中国文学、体操、地理、历史、外语、章程、簿记、图画、生理、药物及调剂法、蹄铁法及蹄病防治、内外科、寄生动物、畜产、兽疫、产科、剖检法、实习
	高等、中等、初等商船学堂				5 或 3	
	实业补习普通学堂					
	艺徒学堂					
译学馆					5	
进士馆					3	

附录2 明治17年（1884年）驹场农学校兽医专业的课程和每周上课时间①

课　程	每周上课时间		
	第一年一、二学期	第二年第一学期	第二年第二学期
有机化学	4		
定性分析	6		
比较解剖学	12	12	
生理学	3		
药物学及处方实习	5		
动物组织学及显微镜实习	12		
蹄铁学及实习	3		
外科手术学及实习		3	
原病学通论		2	
食物论		2	
产科学		2	
原病学各论		4	
外科学		5	
兽医院实习		12	
病体解剖学及实习			12
马体检查法			2
兽医警察学及动物疫病			5
寄生虫学			5
家畜管理法及繁殖法			2
兽医学历史			2
步兵操练	3	3	3

① 东京大学官方网站；东大农学部历史 http：//www. a. u - tokyo. ac. jp/history/statistics. html#carriculum-m25

附录3　明治25年（1892年）调整的农科大学兽医专业的课程和每周上课时间①

课　程	每周上课时间		
	第一年	第二年	第三年
解剖学	6	4	
生理学	6		
组织学	3		
畜产学	3		
病理通论	3	3	
外科手术学	3	3	
蹄铁法	3		
解剖学实习	15	15	
组织学实习	10		
蹄铁法实习	4	4	
药物学		3	3
外科学		4	
内科学		4	
病体解剖学		3	
寄生动物学		2	
皮肤病论		1	
蹄铁论		2	
调剂法实习		6	
外科手术实习		3	
兽医院实习及内外科诊疗法		17	
动物疫病			2
产科学			3
眼科学			1
卫生学			3

① 东京大学官方网站；东大农学部历史 http：//www. a. u－tokyo. ac. jp/history/statistics. html#carriculum－m25

（续表）

课　程	每周上课时间		
	第一年	第二年	第三年
胎生学			2
家畜外貌学			3
兽医警察法			3
法医学			3
乳汁检查法及实验			4
病体解剖学实习			6
病体组织学及微生物实验			3
牧场诊疗实习			1

附录 4 蒙绥防疫处工作简报（1938—1939）

牛疫防治工作纪要

（一）陕北防治牛疫工作

人员：高通　时间：1938. 4. 15—8. 7　115 日

地点：25 县，4 400 里

工作：1. 注射牛疫疫苗，牛 1 199 头

2. 调查疫势及过去防治情形

1）陕北临近蒙地，畜牧发达，卫生设备不完，家畜传染年有死亡，骆驼疫，仅榆林一县死骆驼 2 800余头

2）牛疫源于蒙地奥陶，传及武胜，截至 1938. 7，死亡牛 1. 4 万余头。死亡率为 90%

3）马鼻疽，羊口蹄疫等亦常见

3. 宣传兽疫之危害及简单预防方法

（二）陕西同宫县防治牛疫工作

人员：朱宝树　时间：1938. 4. 25—6. 14

地点：同宫县各乡

疫况：1929 年该县牛疫流行至烈死亡率高于 80%　1938 年 2 月东区牛只复见流行

工作：1. 注射牛疫疫苗，牛 137 头

2. 调查家畜数日统计

（三）横山县

人员：张文莱 高通　时间：1938. 9. 11-10. 3

疫况：1937 年 9 月由蒙古河套武胜一带传至定边，1938 年 5 月传染最烈，6 月间在陕北防治队防治下，疫势稍减，8 月又复流行

工作：1. 牛 190 头

2. 宣传防疫之重要

（四）扎萨克旗

人员：朱宝树　毕春光　1938. 10. 18—11. 3

疫况：1937 年冬，牛疫由准噶尔旗蔓延于扎萨克旗，1938 年春死亡牛千余头，同年冬又复发

工作：牛 401 头

（五）乌审旗

时间：1938. 11. 28—1939. 1. 5

疫况：牛疫 8 000 头　死亡 3 000 余头　骆驼 2 000 死亡 800 余只

工作：牛 365 头　骆驼 192 头

（六）绥远东腾县

时间：1939. 5. 10—6. 6

工作：牛 478 头　　宣传防疫牛疫办法注意病牛隔离

（七）膚施及榆林

时间：1939. 8　膚施　牛疫 马鼻疽　1939. 9　榆林　牛疫

工作：牛　1 149 头

附录5 《畜牧兽医季刊》内容分布一览表[①]

期号	总计	兽医	兽医学理论	防疫	生物制品	内科	外科	产科	生理	药理	寄生虫	病理	微生物	调查
1（1）	13	5		2				1	1		1			
1（2）	12	5	1	2	1	1								
1（3）	15	5		2				1		1				1
1（4）	7	3		1	1	1								
2（1）	13	9	1	4	1	1		1	1					
2（2）	7	0												
2（3）	7	5		1					2		1		1	
2（4）	9	5	1	1				1			1		1	
3（1）	14	4	1	2	1									
3（2）	15	5		1		1		3						
3（3）	8	0												
3（4）	9	6	1	1		2					1			1
4（1）	8	6		2					1					3
4（2）	10	4		2		2								
4（4）	8	5		3					1	1				
合计	155	67	5	24	4	8	0	7	6	2	4	0	2	5

① 据《畜牧兽医季刊》内容整理

附录6 《畜牧兽医月刊》内容分布一览表①

期号	总计	兽医	兽医学理论	防疫	生物制品	内科	外科	产科	生理	药理	寄生虫	病理	微生物	调查
1 (1)	15	8	2	3	2	1								
1 (2)	10	6		2	1			1			1			
1 (3)	10	7		3	1		1				2			
1 (4)	13	8		3	2		1	1		1				
1 (5-6)	15	8				2	1	2		1	1	1		
1 (7-8)	13	7		2		1	1			1	2			
1 (9)	10	7	2		1	2					1	1		
1 (10)	13	8	1	1	1			1	1		2	1		
1 (11)	8	6	1		1						2	1		1
1 (12)	9	8	1	2	1			1		1		2		
2 (1)	9	6		2	1	1			1			1		
2 (2)	9	6		2	1			1	1			1		
2 (3-4)	8	4	1			1					1	1		
2 (5-6)	11	9			6	2							1	
2 (7)	8	4			1	1		1				1		
2 (8)	7	3		1				2						
2 (9)	8	3	1				1				1			
2 (10)	7	2	1	1										
2 (11-12)	10	4									4			
3 (1)	9	8		1						2	2			3
3 (2-3)	6	5		1		2				1	1			
3 (4-5)	8	4		2						1	1			
3 (6-7)	7	3		2							1			
3 (8-9)	15	0												
3 (10)	3	3						3						
3 (11-12)	9	4	1	1		2								

① 据《畜牧兽医月刊》内容整理

（续表）

期号	总计	兽医	兽医学理论	防疫	生物制品	内科	外科	产科	生理	药理	寄生虫	病理	微生物	调查
5（1-2）	5	3		1						1				1
5（3-4）	5	2								1			1	
5（5-6）	5	1								1				
5（9-10）	5	3		2						1				
5（11-12）	8	6		3							2		1	
6（1-2）	4	3		1		1		1						
6（3-4）	5	2			1									1
6（5-7）	6	5		4	1									
6（8-9）	12	9		6		1				1	1	1		
6（10-12）	8	3		2						1				
7（1-3）	8	5	1	2		1				1				
7（4-5）	5	0												
7（6-7）	11	3		2		1								
合计	337	186	12	52	21	19	5	14	3	15	25	11	3	6

附录 7 《兽医月刊》内容分布一览表①

期号	总计	兽医	兽医学理论	防疫	生物制品	内科	外科	产科	生理	药理	寄生虫	病理	微生物	调查
1 (1)	12	10		1		5	1			2				1
1 (2)	13	9		3		5	1							
1 (3)	11	7		4		2					1			
1 (4)	9	8		3		3	1					1		
1 (5)	8	4		2		1						1		
1 (6)	7	5		1			1		2	1				
1 (7)	8	6		3			2			1				
1 (8)	7	4				2							2	
1 (9)	8	4		1		2					1			
1 (10)	11	9		1		6				2				
1 (11)	8	4		2		2								
1 (12)	7	6				3	1				1			1
2 (1-2)	13	7		2		3	1				1			
2 (3)	6	5		2		1	1	1						
2 (4)	7	3				2				1				
2 (5)	8	5				2	1	1			1			
2 (6)	8	6				5								1
3 (2)	8	7		3		1				3				
3 (3)	12	6				3		1			1			1
3 (4)	9	4				1				1		1		1
3 (5-6)	10	5				2				1	1		1	
4 (1-3)	13	9		4		2				1		1	1	
4 (4-6)	14	8		2		4				1		1		
4 (7-9)	11	7				4	1	1		1				
4 (10-11)	9	4				2		1		1				
4 (12)	12	4				1	2				1			
5 (1-3)	10	5				2		1		1	1			
5 (4-6)	8	6		1		3			1	1				
5 (7-9)	13	9				2		2			1		4	
合计	280	176		35		71	13	8	3	18	10	5	8	5

① 据《兽医月刊》内容整理

附录8 《兽医畜牧杂志》内容分布一览表[①]

期号	总计	兽医	兽医学理论	防疫	生物制品	内科	外科	产科	生理	药理	寄生虫	病理	微生物	调查
1（1）	11	7		3			1	2					1	
1（2）	12	6		3		1		2						
1（3）	12	9	2	3			2				1		1	
1（4）	10	8	1	1		1	2				1	2		
2（1）	7	4				1		2			1			
2（2）	7	3		3										
2（3）	7	2		1	1									
2（4）														
3（1）	14	13		2					6	2	1	1		1
3（2-3）	17	15		3		2		4		6				
3（4）4（1）	10	10				2				5	2		1	
5（1）	11	10		2		2		1		2	1		1	1
5（2）	5	5								3	1		1	
5（3-4）	10	9		2			1		1	3	1	1		
6（1）	11	10		3		1				2	2		2	
6（2）	15	15		5		2		1	1	1			4	1
合计	159	126	3	31	1	12	6	12	8	24	11	4	11	3

① 据《兽医畜牧杂志》内容整理

附录9 《中央畜牧兽医汇报》内容分布一览表[①]

期号	总计	兽医	兽医学理论	防疫	生物制品	内科	外科	产科	生理	药理	寄生虫	病理	微生物	调查
1 (1)	10	5	1	1	1						1			1
1 (2)	17	7		1	2	1			1				1	1
1 (3-4)	9	5		3					1				1	
2 (1)														
2 (2)	13	5		2	1				1		1			
2 (3)	9	4	1		2								1	
2 (4)	9	5			1	1							1	2
3 (2)	10	4	2	1		1								
3 (3-4)	8	3										1		2
4 (1)	8	3		1						1	1			
合计	93	41	4	9	7	3	0	0	3	1	3	1	4	6

① 据《中央畜牧兽医汇报》内容整理

附录 10　西北防疫处组织条例

民国三十三年（1944 年）八月十日修正公布

第一条　西北防疫处隶属于卫生署，掌理西北各省防疫事宜。

第二条　西北防疫处设左列各科室

一、第一科

二、第二科

三、技术科

第三条　第一科掌左列事项

一、关于文件收发撰拟分配及保管事项。

二、关于典守印信事项。

三、关于职员进退及考绩之记录事项（应划归人事室）。

四、关于各种制品之发售及包装事项。

五、关于庶务及不属于其他各科室事项。

第四条　第二科掌左列事项

一、关于传染病之调查防止及扑灭事项。

二、关于传染病之病理学实验及防止事项。

三、关于地方病之调查研究及防止事项。

四、关于职业病之调查研究及防止事项。

五、关于细菌学之检查及研究事项。

六、关于免疫学之检查及研究事项。

七、其他关于防疫事项。

第五条　技术室掌左列事项

一、关于各种抗毒素及血清之制造事项。

二、关于各种疫苗诊断液及抗原之制造事项。

三、关于各种生物学制品之检查及鉴定事项。

四、关于痘苗及狂犬疫苗之制造事项。

五、其他关于技术事项。

第六条　西北防疫处置处长一人；简任技正二人至四人，其中二人简任，余荐任；秘书一人；技士四人至六人，其中二人荐任，余委任；技佐十人至十八人；事务员二人至五人，均委任。

第七条　西北防疫处各科室各置主任一人，由技正秘书兼任。

第八条　西北防疫处处长承卫生署署长之命，综理全处事务；技正、秘书、技士、技佐、事务员，承长官之命分任主管事务。

第九条　西北防疫处因必要得酌用雇员及练习生。

第十条　西北防疫处得延聘中外细菌学、免疫学、传染病学专家为名誉顾问。

第十一条　西北防疫处置会计员一人，统计员一人，分掌岁计会计统计事项，受处长之指挥，监督并以国民政府主计处组织法之规定，直接对主计处负责。

第十二条　西北防疫处为推进疫病防治及各种生物学制品之制造工作，得设置防治所或制造所，其组织以法律定之。

第十三条　西北防疫处办事细则由卫生署定之。

第十四条　本条例自公布日施行。

附注：

（一）查本条例未列人事组织，现已奉令由卫生署统筹编入。

（二）本处会计室及统计室均奉准各置主任一人，本条例仍列会计员、统计员，现均呈请修改。

8月12日，《国民政府公报》的“相关法规”以“国民政府令”（民33，08，10号）刊发了《西北防疫处组织条例》。文档卷期为：33：渝：700（33，8，12）。

附录11　兽医国药治疗研究所相关资料

蒙绥防疫处　第208号　1940. 5. 9

卫生署训令 令为抄发军政部陆军兽医学校附设兽医国药治疗研究所简章及编制表由

令　蒙绥防疫处 奉　内政部交下

行政院二十九年二月二十九日　阳字第四〇五〇号 训令以据军政部呈为抗战以来西药来源日渐困难，影响抗战前途，殊匪浅鲜，尤以兽医所用剂量较大，更感供不应求，为适应此特殊环境起见，特由陆军兽医学校附设兽医国药治疗研究所，招考各部队等现职国兽医人员及地方兽医择优入所，研究俾能发挥国药效能以应需要而补西药之不足，附呈该研究所简章及编制表，请鉴核备案一案，除指令准予备案外，令仰知照等因合行抄发原简章及编制表各一份令仰决处知照……令

计抄发陆军兽医学校附设兽医国药治疗研究所简章及编制表各一份

署　长　颜福庆
副署长　金宝善
监　印　金运升
校　封　郝绍侨

抄正陆军兽医学校附设兽医国药治疗研究所简章草案　1939年10月

1. 为发扬国药兽医特效方剂并研究西药替代品，增进国药兽医学识能力适应抗战需要起见，特设兽医国药治疗研究所以资研究（以下简称本所）。

2. 兽医国药治疗研究所为便于中西药材器械及治疗方法相互对照研究起见，特附设陆军兽医学校内（以下简称本校）。

3. 本所为便于进行易臻成效起见，特设专任教官三员负责指导研究，薪俸80~180元

4. 开支不另呈请增加

5. 所员 20~30

6. 所员召集办法

（甲）各部队或军事机关学校保送现职国药兽医

（乙）兽医国药治疗经验自愿投效或经介绍

7. 酌予 30~50 元津贴

8. 分组，按期报告

9. 训练课程

（甲）专门学科 军马卫生实施法 简照生理解剖学 病马看护学 外貌学 传染病治疗法 外科一般之消毒法及国药兽医必修之课程

（乙）专门术科 诊疗实习 解剖生理实习及简易卫生实习等

（丙）普通学术科 政治训练 军事训练

10. 6 个月一期，可酌延长，每期完毕发给研究证明书，成绩优良请为本所教员。

11. 遵守党纪，军纪，学校一切规则

12. 编制见附录

13. 未尽之言基石补充

14. 自呈军政部核准公布日施行

抄修 正陆军兽医学校附设兽医国药治疗研究所编制表草案

职别	阶段	员额	备
所长		1	由校长兼
研务主任		2	有关教职员兼
军训主任		1	军训主任或军事教员兼
专任教官		3	确有兽医国药治疗研究经验任之宁缺毋滥
军事教官		2	军事教官或队长兼
责任教官		临时聘请	兽医教职员
副官		2	教育副官兼
所号		20~30	各部队现任兽医国药人员
书记	同中（上）尉	1	
司书	同准（少）尉	3	

(续表)

职　别	阶　段	员　额	备
传达兵	下士 上等兵	1 1	
炊事兵	上等兵 一等兵	1 2	
公　役	三等兵 四等兵	1 4	
	官优	14	
合计所号		20~30	
兵　役		10	

附本表所列人员除专任教官所员外以本校人员兼任

后　记

时光如掌中沙，在指缝中流逝。转眼间，我已经毕业两年了。再回头细读自己的论文，仍有很多不如意处。最近修改论文，常常翻阅以前的文献，发现很多当时本想写进论文、但最终没有在论文中体现的内容，很是遗憾。本想尽量补充完善，奈何梳理起来比较繁杂，不是一时能完成的，所以我只对论文进行了简单的修补和调整。

作为一名编辑，即将出版自己的学术著作，心中甚为忐忑，既怕辜负前辈师长的寄望，也怕劳烦同事修改太多，只能尽力而为。此时将论文付梓出版，既是对我读博期间学习的总结，也是对我以后研究的诫勉，以此为始，不断前行！

感谢恩师王思明教授，在学术上对我悉心指导。感谢前辈曹幸穗研究员，提出了很多建设性意见。感谢社领导和李雪主任，他们的信任与支持，让我的工作和学业都获益良多。

感谢惠富平教授、李群教授、沈志忠教授、胡泽学研究员、卢勇教授、夏如兵副教授、陈少华副教授、何红中副教授、刘馨秋副教授，李安娜老师、王俊强老师、蒋楠老师、王成老师、李冰老师等，很多前辈和老师都对我的研究提供了帮助，并在资料收集过程中给予支持。

感谢朱冠楠副教授对我研究思路的启发和资料的支持。感谢高国金副教授、李昕升副教授和王哲博士后在很多方面的帮助。

感谢我的同事穆玉红副编审能够担任本书的责编。

感谢我的父母和妹妹对我的支持，他们永远是我最坚实的后盾！

朱　绯

2019 年 6 月